はじめてでも安心！

ネコの赤ちゃん

元気&幸せに育てる365日

大好きネコの会 著・齋藤秀行 監修

はじめに

仕事がら、毎日のように、かわいい子ネコやワンちゃん、さまざまなカワイイ動物たちとの出会いがあります。
仕事とはいえ、そんな動物たちの仕草を見てこの仕事を神さまから与えられたことに感謝することさえあります。

プライベートでは、ネコを飼っています。どんな動物も子どものときは特にカワイイものだと思いますが、子ネコのカワイラシさはまた格別なものだと思います。
そんなカワイイ子ネコですが、飼い主にとって不安なこと、心配なことは少なくありません。
これはもしかしたら病気なのではないか、どこかケガをしたのではないか、なぜごはんを食べないのだろう、子ネコを育てることは、いろいろな問題と向き合うことでもあります。

これから子ネコを育てて行こうという皆さんと、カワイイ子ネコたちのために、本書が少しでもお役に立てば幸いです。

ガーデン動物病院
院長　齋藤(さいとう)　秀行(ひでゆき)

CONTENTS

はじめに …………………………… 002

コンテンツ …………………………… 004

1 子ネコを迎えるための準備いろいろ 007

コツ01 子ネコを見つける方法
最初に「どんな子ネコを飼いたいか?」をイメージすることがコツ ………… 008

コツ02 健康なネコの見分け方
健康状態のチェックはネコを「抱く」ことから ……………… 010

コツ03 自分に合った子ネコ選び①
オスとメス、どちらを選ぶかは性格の基本を知ることがコツ ……… 012

コツ04 自分に合った子ネコ選び②
主なネコの種類を知っておこう …… 014

コツ05 子ネコを飼うための準備
子ネコを飼う前に用意したいグッズをチェックしておこう ……… 020

コツ06 室内飼い・室外飼いの選択
今は、室内飼いが常識の時代へだからこそ注意点も多い! ………… 024

コツ07 1匹(単頭飼い)と2匹以上(多頭飼い)について
最初に子ネコを飼うときに1匹か複数か決めることがコツ …… 026

コツ08 子ネコに快適な室温とは
ネコと人間が快適に感じる温度の違いを知ることがコツ ……… 028

コツ09 子ネコにかかる諸費用
日常的な経費から医療費まで目安を知っておこう …… 030

コツ10 ネコアレルギーについて
ネコアレルギーの対処法は子ネコを清潔に飼うためにも役立つ 032

2 子ネコの健康チェックと病気への対処法 ………… 033

コツ11 ホームドクターを見つけるために
ホームドクターがいれば“いざ”という時も安心 ……………… 034

コツ12 ネコの病気について
ネコの病気はいろいろ。知っておくことが肝心 ……………… 036

コツ13 子ネコのふだんの健康チェック
飼い主が積極的に毎日の状態をチェックしてあげることがコツ ……… 038

コツ14 子ネコの病気について
こんな症状を見つけたら要注意!すぐに病院へ ……………………… 040

コツ15 いざという時に備えて
ケガや事故にあった時の応急処置のコツ ……………………… 042

コツ16 薬の飲ませ方
しっかりと抱きかかえて、足を動かさないようにするのがコツ 044

コツ17 ワクチン接種と健康診断について
子ネコの感染症を防ぐにはワクチンを知ることが大切 ………… 046

コツ18 ネコの肥満化
肥満防止は食事・運動のコントロールがコツ ……………… 048

コツ19 避妊手術と去勢手術について
子づくりの判断!子ネコの時にしっかりプランすることがコツ ……… 050

コツ20 子ネコの体温・脈拍・心拍数
日頃の数値を知るために測り方をマスターしよう …………… 052

※本書は2010年発行の『はじめてでも安心!かわいい子猫の育て方』を元に加筆・修正を行っています。

3 子ネコとの暮らし、スタート ……… 053

コツ21 子ネコを迎える心構えと環境づくり
子ネコの気持ちを理解し、
子ネコの喜ぶ部屋づくりがコツ …… 054

コツ22 ネコのさまざまな習性について
ネコの習性を理解してあげ、
やさしく接することがコツ ………… 058

コツ23 キャットフード選びと与え方
キャットフードの種類、栄養、
特性を知ることがコツ …………… 062

コツ24 愛情いっぱいの手作りフード
特別な日のごちそうとして
与えることがコツ ………………… 066

コツ25 子ネコに与えてはいけないもの
ネコに害のある食べものを
覚えておこう! …………………… 070

コツ26 子ネコが草を食べる理由
ネコが草を食べるのは
毛玉を吐き出すため! …………… 071

コツ27 トイレのしつけ方
子ネコが安心してトイレを使える
ように最初に教えることがコツ …… 072

コツ28 ツメとぎは本能的な行動
ツメとぎ器を覚えてもらうには
工夫をこらし教えることがコツ …… 076

コツ29 ツメのお手入れ
無理に押さえつけたりせず、
落ち着かせてカットするのがコツ … 078

コツ30 歯のお手入れ
子ネコのうちはガーゼでのケアから
それが歯周病予防への第一歩 …… 080

コツ31 目のお手入れ
涙やけや病気を防ぐために、
こまめに手入れすることがコツ …… 082

コツ32 耳のお手入れ
2週間に1度を目安に耳の汚れを
チェックすることがコツ …………… 083

コツ33 子ネコのノミ対策
ノミの習性を知り
こまめに駆除することがコツ ……… 084

コツ34 正しいグルーミングの仕方
子ネコも飼い主も
気持ちよくなれることがコツ ……… 086

コツ35 マッサージについて
人間と同じように気持ちいいツボが
ネコの健康チェックにも効果的 …… 090

コツ36 シャンプーの仕方
ネコは水嫌い、
手際よいシャンプーがコツ ………… 092

コツ37 ネコのしつけ方とは
安全を好むネコの
習性を利用することがコツ ………… 094

コツ38 抜け毛とニオイ対策
掃除好きになることと
徹底的な消臭がコツ ……………… 096

コツ39 子ネコの運動とストレスについて
運動不足とストレスの解消が
ネコの健康を保つコツ …………… 098

コツ40 ネコが迷子になった時の対処法
ネコがいなくなったら
近くを捜すのがコツ ……………… 100

コツ41 ネコに留守番させる時
留守番に慣れてもらえるように
することがコツ …………………… 102

コラム1 招きネコのはじまり ………… 104

4 触れあいウキウキ、子ネコと遊びましょう …… 105

コツ 42 ネコじゃらしをマスターしよう
子ネコの好みのネコじゃらしを
発見することがコツ! …… 106

コツ 43 子ネコと一緒に遊ぶ
子ネコを喜ばす遊びが
元気に育てるコツ …… 110

コツ 44 子ネコをスマホやデジカメで撮る方法
子ネコのベストショットは、
たくさん撮ることがコツ …… 114

コツ 45 子ネコの初めてのお出かけ
事前にお出かけの
練習をすることがコツ …… 116

コツ 46 旅行に出かけるために
子ネコとの旅行には
事前の対策や準備がコツ …… 118

コツ 47 愛猫の首輪を手作りしてみよう!
素材や金具部分は安全性を
しっかりと検討することが重要 …… 120

コラム 2 キャットショーってなに? …… 122

5 知るほどに、かわいくなるネコ …… 123

コツ 48 ネコの祖先について
現在のネコたちのルーツを知ると、
愛情も深くなる …… 124

コツ 49 ネコの生態を紹介
かわいいネコの秘密が分かれば
もっと愛しく感じるようになる …… 126

コツ 50 ネコの気持ちと行動
ネコと過ごすことでわかる
いろいろを見てみよう …… 128

コツ 51 キャット・ランゲージについて
鳴き声や仕草などで
ネコの気持ちを理解するコツ …… 130

コツ 52 ネコと暮らす時のなぜ?どうする?
子ネコの育て方と
ネコのあれこれQ&A …… 134

PART 1

子ネコを迎えるための準備いろいろ

夢みていた、ずーっと憧れていた、子ネコとの暮らし。
子ネコの選び方からグッズのこと、健康についてなど
知っておきたいことをやさしくレクチャー。

子ネコを迎えるための準備いろいろ

コツ 01

子ネコを見つける方法

最初に「どんな子ネコを飼いたいか?」をイメージすることがコツ

子ネコを見つける方法は大きく分けて、「購入する(ペットショップやブリーダー)」「ゆずり受ける」という2つがあります。

“飼いたい”子ネコの何を優先するか? 雑種と純血種の違いは?

「かわいい子ネコと一緒にいたい!」「何か“ピンと来る”運命的なものを大切にしたい」「以前から憧れていた品種の子ネコを見つけたい」など飼いたい子ネコに対する想いはいろいろでしょう。それによって見つける方法も変わってきます。

ペットとして子ネコを飼う場合、**基本的には「雑種」か「純血種」に分けることができます**。もちろん、「かわいい」ということに基準を置いて選んだら結果的に「純血種」だった、逆に「雑種」だったということもあるでしょう。

野良ネコを拾う!

ネコを飼いたいと真剣に思っているときに「野良ネコ」や「捨てネコ」に出会うということは偶然でしかありません。選んで飼うというカテゴリーには入りません。また、野良ネコは病気などに感染しているケースもあるので気をつけましょう。

純血種 品種名のあるネコのことです。人間の手で計画的に交配され、1つの品種として確立し、血統書のあるネコのことをいいます。

マンチカン

アメリカンショートヘア

雑種 「ふつうのネコ」のことです。自由な交配で繁殖したネコのことで、日本のネコの約7割が「雑種」といわれています。

キジトラと呼ばれる茶、黒、白などの被毛の雑種

ペットショップを利用する

子ネコを見つける方法として、**安心で身近なのがペットショップ。**また、純血種を求める場合も便利でしょう。ショップ内での比較がしやすいことはもちろん、いくつものショップを見て歩くこともできます。

また、購入後も育て方などのアドバイスや相談に乗ってくれそうな親切なショップを選ぶこともポイントでしょう。

ブリーダーを探してみる

ブリーダーは、いわば**その品種のネコのプロ。**飼いたい子ネコの種類が決まっていれば、協会の紹介や専門誌を利用してまずは問い合わせてみましょう。子ネコの性格を含め、詳しい情報を入手することができます。

また血統の面などでも、ペットショップよりも希望の条件に近い子ネコと出会える可能性が高くなるでしょう。

「里親探し」を活用する

子どもがたくさん生まれたから、子ネコをもらって育ててくれる飼い主（里親）を探していることがよくあります。今は見かけることも少なくなりましたが、昔は電信柱などに**「子ネコ、あげます」**などの張り紙が出ていることがありました。

現在は、新聞などに定期的に子ネコなどの里親探しの欄を設けている場合もあります。またインターネットには里親探しのサイトがたくさんあります。写真を見ながら手軽に子ネコを見つけることができますが、提供者の詳細までは掌握できないことも多いので注意が必要です。

自治体の譲渡会などに参加する

多くの自治体には「動物愛護センター」（地域によって名称が変わることあり）があります。ここで子ネコ（大半は犬と猫を扱う）を見つけることが可能です。

譲渡の仕方や方法は自治体によって異なりますが、いわゆる「講習会」を設けて参加者に譲渡するところも多いようです。まずは、**お住まいの自治体**に問い合わせてみましょう。

子ネコを迎えるための準備いろいろ

コツ 02

健康なネコの見分け方

健康状態のチェックはネコを「抱く」ことから

人間と同じで、ネコも健康であることがとても重要。
初めてネコを飼う前に、健康なネコの見分け方を覚えましょう。

子ネコの健康チェックリスト　まずは、ここをチェックしましょう！

- 体つきはしっかりしていますか？

- 被毛にツヤがありますか？

- くしゃみやせきをしていませんか？

- お腹がはっていませんか？

- おしりのまわりが汚れていたり、はれていたりしていませんか？

- なでられることに抵抗しませんか？

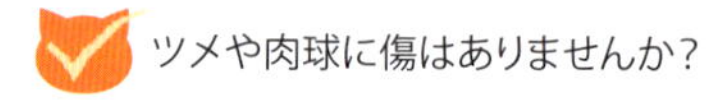
- 目ヤニ、耳アカ、口臭、鼻水などはありませんか？

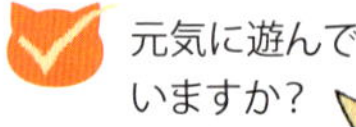
- ツメや肉球に傷はありませんか？
- 元気に遊んでいますか？

部位ごとのポイントをしっかりと覚えよう

健康チェックで最初に行わなければいけないことの1つが**ネコを「抱く」ということです。**抱いたときの感覚が見た目よりも、軽い場合は要注意。どこか体の調子が悪いということが考えられます。逆にずっしりと重みを感じる場合は、元気で健康なことが多いでしょう。

また、抱いた時に過剰に嫌がる時はどこかケガをしていることがあります。いろいろな部位をなでて異常がないかも確認しましょう。また、**毛並みもとても大切。**かきむしった跡やはげていないかどうかをチェックしましょう。

顔の各器官や歩行チェックも忘れずに

目・鼻・口・耳も重要。目ヤニが出ていない、口・耳から不快なニオイがしないかどうか、鼻水が出ていないかどうかなども細かく確認を。

抱いてのチェックが終わったら、今度は運動能力を確かめてみましょう。生後2ヶ月以上の子猫であれば、歩いたり走ったりするときに安定感があります。後ろから歩く姿を見て、足を引きずらずに、しっかりと歩いていて、腰骨の動き方が左右均等に歩いているか確認が必要です。

健康な子ネコを見極めて、子ネコと楽しい毎日が送れるようにしましょう。

子ネコを迎えるための準備いろいろ

コツ 03

自分に合った子ネコ選び①

オスとメス、どちらを選ぶかは性格の基本を知ることがコツ

オスとメスの一般的な性格を知り、子ネコとの暮らしをどんなふうに楽しむのか考えておこう。

オスとメスの根本的な違いは大切なポイント

オスとメスの一般的な性格の差は、左の表のようにまとめることができます。あくまで一般論であって、個々の子ネコによってあてはまらないことも多々あるでしょう。

根本的な違いは、メスは子ども産む機能を持っていること。とても重要なことですが、場合によっては避妊手術でその機能が働かないようにすることもできます。

オスとメスの見分け方は非常にむずかしい

ネコのオスとメスの見分け方は、大人になったネコでも簡単に判断することはできません。生後2ヵ月以内の場合は、さらにむずかしくなるので素人にはムリ、確実に知りたい場合は獣医さんに頼るしかありません。

見分ける目安になるものを上のイラストで表しています。オスの場合は肛門より少し離れた腹部の方に●(マル)のような睾丸があります。メスの場合は肛門に続くようにコーヒーの豆型のような外陰があります。とはいえ、実際にはなかなか見分けはつきません。

オスとメス、どちらを選ぶ？

	オス	メス
性格	**甘えん坊で暴れん坊** 飼い主の足元にすり寄ってきたり、抱っこされたり、人と接触することを好みます。愛嬌があって甘えん坊である一方、発情期などになると、ほかのネコとケンカしたりします。なわばり意識も強く、外に出たがる傾向があります。	**おとなくして、クール** 飼い主にベタベタと甘えるような面はあまりなく、邪魔されないひとりの時間を好むところがあります。オスに比べると、温厚な気性で落ち着いています。発情期に大きな声で鳴く以外は、静かにしており外にもあまり出たがりません。

眠るのは、好き

おすまし
で〜す

	オス	メス
体つき	男の子らしく、四肢はシッカリしています。体全体の骨格や筋肉も発達しています。体の大きさもメスよりひと回り大きかったり、体重も倍近くなったりすることもあります。	女の子らしくスラリとしたボディラインで、身軽な分だけ動きも機敏です。日頃からグルーミングを好むので、オスよりも毛並みが美しくなる傾向にあります。

筋肉モリモリ?!

	オス	メス
顔	メスに比べると、ほおの筋肉が発達するため顔が横に広い感じになります。なわばり争いをするなど、闘争心も強いので表情も鋭くなるようです。	穏やかな落ち着いた表情が印象的。オスのようにケンカをするような機会もないので、やさしい雰囲気が顔に漂います。

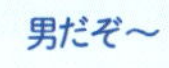

まったり〜

こんな人にオススメです

オス：子ネコといっぱい遊びたい。子ネコの持つ喜怒哀楽を受け止めてあげたいという人に向いています。また、部屋のスペースにゆとりがあればベターです。

メス：おとなしく、ネコらしいクールな面を好む人に向いています。もちろん繁殖をさせたい方、子ネコと適度な距離を持ちたい方にもおすすめです。

※ネコは個体差が大きいため、必ずしも上記のような違いがあるとは限りません。

コツ
04

自分に合った子ネコ選び②

主なネコの種類を知っておこう

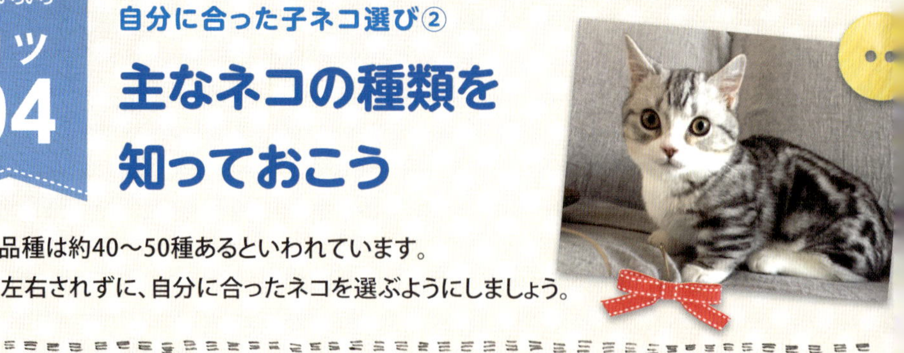

ネコの品種は約40～50種あるといわれています。
人気に左右されずに、自分に合ったネコを選ぶようにしましょう。

短毛種・長毛種という分け方について

ネコの種類を分けるときに、「純血種」と「雑種」の説明をしましたが、このほかに「短毛種」と「長毛種」という分類の仕方もあります。漢字の通り、毛の短いネコと毛の長いネコという意味です。

それぞれ特長があるので、自分の好みに合わせてどちらがよいのかを決めておくことも、選ぶときの材料になります。

短毛種

・アメリカンショートヘア
・シャム
・アビシニアン
・スコティッシュフォールド など

長毛種

・ペルシャ
・ラグドール
・ソマリ
・メイン・クーン
など

短毛種の特長

毛質は、柔らかいものから硬いものまでさまざまです。ブラッシングはたまに行えばOK。ネコが自分でする「毛づくろい」で十分です。代表的な短毛種としては、純血種のアメリカンショートヘアがあげられるでしょう。

長毛種の特長

長毛種は、人為的な改良によって生み出されたものです。毎日のブラッシングが欠かせないタイプで、ブラッシングでネコと触れたい方には最適です。代表的な長毛種の１つ、ペルシャは毛足の長さが約13～15mmもあります。

好きな子ネコなら寝ている姿ももちろんかわいい

アメリカンショートヘア

美しい被毛の模様とかわいい顔で高い人気を維持

原産国／アメリカ　**サイズ**／中型～大型
歴　史／1904年に最初のショートヘアが登録されましたが、1965年にペルシャとの交配でアメリカンショートヘアと名づけられました。
性　格／知的で冒険心が強く、棚の上など高いところを好みます。

スコティッシュフォールド

折り重ねられた耳が特長の丸い顔立ち

原産国／イギリス（スコットランド）
サイズ／中型～大型
歴　史／1961年にスコットランドの農場で発見されたのが始まりとされています。突然変異の偶然種で、1970年にはアメリカに紹介されています。
性　格／温和でやさしく、愛嬌たっぷりの育てやすいタイプです。

短毛種

ロシアンブルー

ロシアンブルーの濃いダブルコート※が特長

原産国／ロシア　**サイズ**／小型〜中型

歴　史／ロシアで自然発生した品種といわれています。現在のロシアンブルーができあがったのは1900年頃、アメリカに渡ったとされています。

性　格／やさしくて内気、好奇心は強いが活発に動くことは少ないです。

※二重毛のことです。短いオーバーコート（下毛）の下にアンダーコート（上毛）が生えています。

短毛種

アビシニアン

光の加減などで毛色がキラキラと輝く

原産国／不明　**サイズ**／小型〜中型

歴　史／「アビシニア」は現在のエチオピアの旧名。アビシニアンは最も古いネコの種類の1つで、4000年前の古代エジプトの壁画に描かれていたネコの原種という説もあります。

性　格／とっても活発ですが、人なつっこく、甘えん坊な面もあります。

短毛種

エキゾチックショートヘア

ずんぐりむっくりなペルシャの短毛バージョン

原産国／アメリカ　サイズ／小型〜中型
歴　史／1960年代にペルシャを基本として、アメリカンショートヘアやブリティッシュショートヘアなどの短毛種と交配させて誕生しました。
性　格／優しく物静かな性格で、家族が好きで甘えん坊な面があります。

短毛種
長毛種

マンチカン

ダックスフントのような短い手足が特徴

原産国／アメリカ　サイズ／小型〜中型
歴　史／1983年にアメリカのルイジアナ州で発見されたのが始まりとされています。「小さい人・子供」という意味の「マンチキン」が名前の由来です。
性　格／穏やかで人なつっこく、好奇心が強い遊び好きな性格が多いです。

長毛種

ペルシャ

柔らかくフワフワした被毛と愛くるしい瞳が魅力

原産国／不明（イランなどの説もあります）
サイズ／中型〜大型
歴　史／ペルシャネコが最初にキャットショーに出たのは1871年のロンドン。1600年代にアジアにいたとされるネコをヨーロッパに連れてきたとされています。
性　格／とっても穏やかで、めったに鳴かない。体型は骨太。

長毛種

ラグドール

大きなボディと青い目、すべすべのオーバーコート※

原産国／アメリカ　サイズ／中型〜大型
歴　史／1960年代にカリフォルニアでつくられた、比較的新しい品種。なおラグドールとは「ぬいぐるみ」という意味です。
性　格／おとなしい性格で人に従順です。適度に行動的で遊びを好みます。

※被毛の中で最も長く、太く、まっすぐで硬い毛。悪天候のときに水をはじき、木の枝などからの刺激から体を守ります。

メインクーン

「穏やかな巨人」と呼ばれる大きな体が特徴

原産国／アメリカ　サイズ／中型～大型
歴　史／起源には諸説ありますが、ヨーロッパからやってきた長毛の猫と、土着の猫が交配して産まれたのが有力な説とされています。
性　格／明るくお茶目で、温和でフレンドリーな性格です。

ノルウェージャンフォレストキャット

厳しい寒さを耐え抜く厚手でふわふわの毛並

原産国／ノルウェー　サイズ／中型～大型
歴　史／第二次世界大戦を期に絶滅寸前にまで追い込まれましたが、1970年代から本格的な育種と保存が再開されました。
性　格／おだやかで賢く、辛抱強く優しい性格です。人とのコミュニケーションを好みます。

子ネコを迎えるための準備いろいろ

コツ 05

子ネコを飼うための準備

子ネコを飼う前に用意したいグッズをチェックしておこう

子ネコを家に連れて来てから、必要なものを用意するのでは遅いことも…。
子ネコに安心してもらうためにも準備は大事。

用意したいグッズの必要度合いを知ろう。まず、キャリーバッグは？

キャリーバッグ

キャリーバッグは、外出するときや病院に行くときなどにも必要になります。素材やサイズ、造りもさまざまなので、使いやすいものを選ぶといいでしょう。

子ネコの見つけ方によって、**キャリーバッグの必要性**は変わってくるでしょう。たとえばペットショップで購入したら、店から自宅まで運ばなければならないでしょう。交通手段がクルマでも電車でも、ショップのケージから出した瞬間に、その子ネコを入れるキャリーバッグが必要になります。いくら小型の子ネコでも抱いて運ぶのはキケンです。抱いたときに暴れて、落としてしまうこともありえるからです。

家に子ネコが来た初日から必要なものは、「食べもの」「ネコ用のベッド」「トイレ」「食器」などでしょう。この他にも用意した方がよいものも紹介していますので、参考にしてください。

できれば用意したいもの

●ノミ取り用品

飼う子ネコにノミがいなくても、ノミはうつりやすく、繁殖力が高いので**予防が大切**です。ノミ取り用のスポイトなどを揃えておきましょう。（P85参照）

●救急用品

万一、病気やケガをした場合に**最低限の応急処置**ができるような準備をしておきましょう。

止血などには機能性の高いガーゼが便利です。また、

エリザベスカラー（患部をなめないように首に巻きつけるパラボラアンテナのようなえり巻きのこと）、綿棒、包帯、ピンセットなども揃えておきましょう。

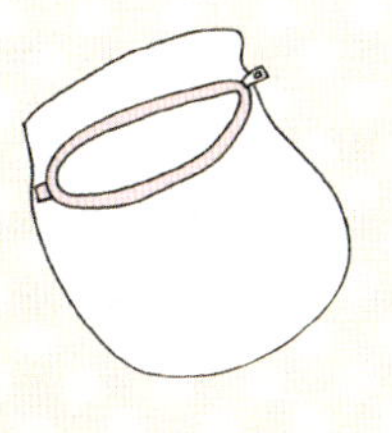

●洗濯用ネット

もし子ネコが暴れることがあれば、そばにいる人も恐いものです。そんな時に洗濯用のネットがあれば、通気性がよく、素材もやわらかなので子ネコを傷つけずにネットの中に入れておくことができます。

●その他

グルーミング用品（P88など参照）、ツメとぎ（P46参照）などもあった方がいいでしょう。

初日に間に合わなくても おいおい揃えたいグッズ

●ツメ切り

ネコのツメは定期的に切る必要があります。ネコのツメを傷つけたり、深爪の原因になるので人間のツメ切りを代用することは避けましょう。使いやすいペット専用のツメ切りがあるとよいです。（P78参照）

●キャットタワー

ネコは高所を好む動物です。運動不足を避けるためにも、家具などを利用して高所を用意できないなら、キャットタワーを用意したいところ。（P98参照）

●首輪・迷子札

万が一脱走したり迷子になった時のことを考えて、首輪には名前や連絡先を記載した迷子札をつけたい。（P25参照）

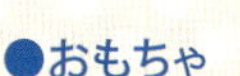

●おもちゃ

ネコは大きくなっても遊ぶことが大好き。コミュニケーションの一環として一緒に遊べるものや、一人遊び用など、いくつか種類を揃えてあげるといいでしょう。（P112参照）

必ず用意したいもの

ネコ用ベッド

子ネコの年齢（生後何カ月）にもよりますが、一緒に寝ると子ネコがケガしてしまう可能性もあります。子ネコ専用のベッドを用意しましょう。ネコはフカフカで保温性の高い素材を好みます。クッションタイプのものからハウスタイプのものまで様々な種類があります。適当なカゴや箱に毛布などをひいて作ってもよいでしょう。保温性が低くなるので、ネコの体が程よく収まるものにしましょう。

冬期の場合は湯たんぽやペット用ヒーターも

子ネコのうちは大人のネコほど寒さに強くありません。冬期に子ネコを迎える場合は、湯たんぽやペット用のヒーターも用意しましょう。低温やけどの可能性には十分注意して、長時間の使用は避けましょう。

トイレ

ネコはもともと本能で排泄する動物です。飼うときには、子ネコに排泄の「しつけ」をする必要があります。そのためには環境、つまり子ネコのためのトイレを用意してあげなくてはいけません。フチが低くてまたぎやすいもの、掃除が楽なものなど、さまざまなタイプがあります。ネコに合ったものを選びましょう。急な場合はダンボールにビニールをかぶせ、中にトイレ砂を入れたものでも代用できます。（P72参照）

主なトイレの種類

●オープンタイプ

屋根のないトレイ型のもの。ネコが排泄したらすぐにわかり、異常を発見しやすいのが特徴です。

●ドームタイプ

屋根でおおわれたもの。砂が飛び散りにくいのが特徴です。

●システムトイレ

専用のトイレ砂とマットを組み合わせて使うタイプのもの。比較的掃除が楽で、においにくいのが特徴です。

食べもの

子ネコが生後何カ月であるかで変わってきます。次のことを目安に用意しましょう。

1カ月未満の場合はネコ用ミルクが必要です。生後間もない場合は人工哺乳器も準備しましょう。生後1カ月〜2カ月頃の子ネコであれば離乳食になります。生後3カ月頃であれば、成長期用のドライフードなどを成長に合わせてセレクトしましょう。(P62参照)

「総合栄養食」と「一般食」の違いに注意

総合栄養食は必要な栄養分のバランスが取れた、主食として与えるのに適したフードです。このフードと水さえ与えれば、健康が維持できるように作られています。

一方一般食(副食)は嗜好性が高く、人間の食事で言う「おやつ」に分類されます。それだけでは栄養が不十分なので、総合栄養食の補助として与えます。

キャットフードの目安

生後1カ月	子ネコ用ミルク+離乳食
生後1カ月半〜2カ月	離乳食+子ネコ用フード
生後2カ月半〜12カ月未満	子ネコ用フード

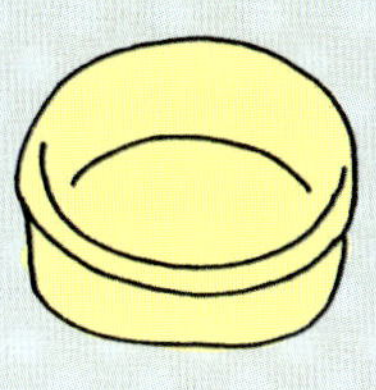

食器(2つ)

食べもの用とお水用の2つが必要になります。適度な深さと大きさのあるものを選びましょう。浅すぎたり、小さすぎたりしないこともポイントです。

陶器は重さがあり動きづらく、キズがつきにくいのがポイント。ステンレスはキズがつきにくく、菌が繁殖しにくい素材です。プラスチックは安価ですが傷がつきやすく、軽いものだと動きやすいこともあります。

元々家にある小皿でも代用できますが、しばらくの間使う場合は子ネコ専用の皿として使いましょう。衛生面から人間との共用は避け、洗う時も別にします。

ネコが食べやすい食器のポイント

●適度な重さがある

食事中に動くと食べづらいため、重さのある皿や、滑り止めのついた皿

●深すぎない

舌でフードをすくいやすい、すり鉢状の深すぎない皿

●ヒゲが当たらない

ネコはヒゲが当たるのを嫌うので、食事中にヒゲが当たらない、口が広めの皿

子ネコを迎えるための準備いろいろ

コツ06

室内飼い・室外飼いの選択

今は、室内飼いが常識の時代へ だからこそ注意点も多い！

子ネコはもちろん、大きくなってもネコにとって安全で快適なところは室内です。

室外飼いの時代とは

50年くらい前であれば、飼いネコは家と外を自由に行き来するペットで、ネコのために家と外をつなぐ専用の出入り口を設けるケースもありました。もちろん、その時代にも室内飼いのネコはいました。現在では、田舎や郊外で家も庭も広く、住宅が密集していない地域であれば、室外飼いの可能性もあるでしょう。また実際には、環境に関係なく室外飼いをしている場合もあります。

ただし、条例によって屋外での放し飼いを禁止している地域もあります。

室外飼いにはキケンがいろいろ

第一に交通事故に合うキケン性が高いことです。都心ではネコが飛び出してきても避ける余裕がないほどクルマであふれており、狭い道でもクルマが入ってきます。また、ネコは俊敏であるけれど、キケン回避の能力は低いとされています。

さらに外にいれば野良ネコなどと接触する機会が増え、病気をもらったり、ネコエイズなどウイルス性の感染症にかかる可能性もあります。

室内飼いで注意すべきこと

❶絶対に外には出さない

ネコは本来"なわばり"を作って、その中で獲物を確保したり、安全な隠れ場所を見つけたりします。室内飼いのネコにとっての"なわばり"は室内全体であり、その中でお気に入りの寝場所ができれば、そこが"なわばり"の中心です。

うっかり、ネコを外に出してしまったら、外も自分の"なわばり"に加えて、そこへ行きたいと思うようになることも十分にあります。室内だけが居場所であることを守らせることがポイントです。

❷万一のために、「迷子札」をつけておく

室外飼いのネコなら「迷子札」が必要と考えるのが当たりまえかもしれませんが、逆に室内飼いのネコこそ必要なのです。というのは、「絶対に外には出さない」ようにしている完全室内飼いのネコが、何かの事情でうっかり外に出てしまったら、家に戻れず迷子になる可能性が高いからです。行方不明になってしまったら、「迷子札」をつけていない限り見つかる期待はなかなか持てません。

迷子札

現在は「迷子札」ではなく、マイクロチップ（個体識別用の超小型ICチップ）を背中の皮下に埋め込み、読み取り機（リーダー）でデータと照合する方法もあります。

❸散歩をするのも禁物

「ネコを抱いて外を散歩する」ネコ自身が歩くわけではないので、問題がないように思えますが、ネコが外を探索するという点では同じです。外が安全な場所であると思えば、また行きたいという行動に結びつきます。

外の空気を吸わせてあげたいときは、窓を開けてあげましょう。外は"なわばりの外の景色"として家から眺めるだけでOKなのです。

1匹（単頭飼い）と2匹以上（多頭飼い）について

最初に子ネコを飼うときに1匹か複数か決めることがコツ

「子ネコは1匹より2匹、3匹といた方が喜ぶ？」と飼い主は思いがちですが、実際はどうなのでしょうか。

本来、ネコは1匹だけで暮らす

子ネコは生まれたあと、兄弟たちと母親のネコのそばで成長します。野生（野良ネコ）の場合、狩りの方法を習得したら生後半年ほどで母親のもとを離れて独立します。それ以降は**1匹で暮らし、エサを確保する**ために自分だけの“なわばり”を作っていきます。

飼いネコの母親は飼い主

飼われている子ネコにとって、エサを与えてくれて、抱いたり、なでたりしてくれる**飼い主はまさに母親**のネコと同じ存在です。

野生との大きな違いは、子ネコは成長しても母親から独立しなくてもいいことです。つまり、飼いネコはいつまでも子ネコのときと同じ気持ちで、飼い主に甘え、頼り続けます。だからこそ、飼いネコは人（母親の存在）になつくのです。

「多頭飼い」できる理由とは

子ネコは飼いネコでも、一緒に生まれた兄弟たちとは割と仲よく遊び、集団生活をします。子ネコたちにとって母親は飼い主ですから、成長しても同じです。もし、兄弟が離ればなれになっても、それぞれが別の母親という飼い主を持つだけのことです。

子ネコの多頭飼いを可能にしている大きな理由は、**食糧（エサ）が十分にある**ということに起因しているようです。ここにいれば、たくさんの仲間がいても食糧があることを学んだら、単独で“なわばり”を作って食糧を確保する行動は不要になります。

共有のなわばりの中で、十分な食糧に恵まれて、いっしょに暮らしていけることを子ネコたちは体得しているのでしょう。

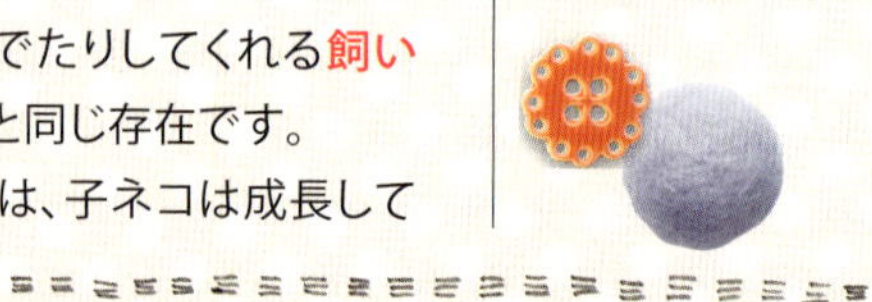

子ネコのときから多頭飼いをするのが理想的

子ネコのときに一緒に2匹、3匹と多頭飼いをすれば、まず問題は起きないでしょう。なぜなら、前述したように子ネコたちにとっての母親は、飼い主だからです。

この際に注意したい点は、十分な住空間が確保できるかです。たとえば、6畳1間に子ネコが数匹というのは、飼い主にとっても子ネコにとっても窮屈です。

また、フード代、トイレ、いろいろなグッズなど子ネコの数に合わせて、金銭的な負担も大きくなることを考慮しましょう。

ネコ同士の相性や組み合わせは？

子ネコのときに一緒に飼う場合、兄弟ネコなら血縁関係があるのでまず大丈夫でしょう。血縁関係のない同じ種類の子ネコ、違う種類の子ネコの場合、その相性の良し悪しは飼ってみないとわからないというのが現実です。

最初はケンカばかりでも数日で仲良くなったり、成長したら仲が悪くなったなど、いろいろなケースがあるようです。

メスとオスの違いも知っておこう

大人のネコがいるところに子ネコを同居させようとする場合、一般的には大人のネコがオスかメスかによって違うといわれています。メスは母性本能があるためか、比較すれば受け入れやすい傾向にあり、オスの場合には「なわばり意識」が強く、テリトリーに入ってくることを嫌う傾向があるようです。

ほかの動物と一緒にネコを飼うには？

イヌの場合

子ネコと子イヌの頃から、一緒に飼うのであれば問題なく“なじむ”といわれています。大人のネコがいるところに、イヌを迎え入れる場合は、先に住んでいるネコを立てることが鉄則といわれています。最初はイヌをケージに入れ、ネコの方が自由に様子を見ることができるようにしてスタートします。

その他の小動物

ネコは本来、肉食動物です。小鳥やハムスターなど、ネコの捕食の対象になるような小動物を一緒に飼うのは、非常に困難です。

コツ08

子ネコに快適な室温とは

ネコと人間が快適に感じる温度の違いを知ることがコツ

夏と冬の対策、北と南の地域差、住居形態の違いなど、
複雑な要素が絡む室温対策。

人間とは違う、ネコの体温調節の仕方

人間は汗腺によって、つまり汗をかくこと（汗が体の表面から蒸発する時に熱を奪う）で体温調節ができます。ネコは四肢の裏（肉球）にだけ汗腺があります。

ネコの体温調節の仕方は、体温を上げる時には運動（体力を温存する動物なので、無駄な運動はしません）をします。下げる（上げないようにする）時には涼しい場所でダラリと過ごしたり、体をなめたりして体温を調節します。

寒い時には、寒くない場所を探して移動するなど、ネコは基本的に自分にとって快適な場所を見つけることが得意です。

ネコにとっての快適温度とは？

ネコの年齢、短毛種と長毛種による違い、個体差がありますので、正確な回答を出すことはむずかしいようです。目安として快適といわれている温度は、大人のネコで20～25℃。子ネコの場合は生後1～2週間では

1日の温度差が大きくなると、ネコに負担がかかります

30℃前後、4～5週間では23～27℃くらいと、大人のネコより高めな温度を好むようです。

注意したい点は、温度差。1日の温度差が大きいとネコは体調を崩しがちです。
最大でも10℃以内の温度差に保つことが大切です。

この温度に関しては、外飼いと室内飼いでも大きく違ってきます。外飼いのネコの場合は、快適な場所を見つけることが得意技なので可能ですが、完全な室内飼いネコの場合は飼い主の室温調節が重要になってきます。

北海道を除いた地域では、「夏」の室温対策がキーポイント

完全な室内飼いの場合、室温がすべてです。室温は外気温に左右されますが35℃以上という猛暑日のある地域では、人も暑さ対

策に苦労しますが、冷たいものを飲んで清涼感を得ることなどができない**ネコは、適度な室温や涼しい場所が頼り**です。しかし、一般的に夏には強いといわれるネコ、飼い主が快適に感じるクーラーの温度では、寒すぎるという場合もあるようです。

「寒い」「暑い」と感じる室温は人でも個人差があり、飼い主もネコも満足できる接点を探すことは大変なようです。

ここではネコの熱中症（熱射病）の症状と一般的な夏の対策を取り上げています。

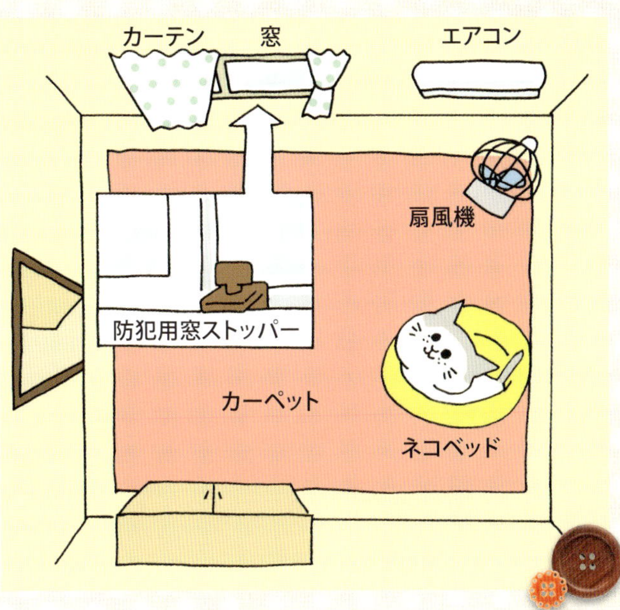

ネコの熱中症（熱射病）についで知っておこう

熱中症（熱射病）は、周りの気温がネコの体温より上がるために、体の正常な機能が維持できなくなり、**体の熱が十分に放射されなくなる**ために起こる病気です。

人が熱中症にかかった場合は、気分が悪くなるなど初期症状が明らかなことがあります。ネコの場合はなんとなく元気がないなど初期症状を発見することがむずかしいので気をつけましょう。

なお、ネコが高温多湿の部屋にいた時に、呼吸や脈拍がいつもより速くなり、口を開けたまま「ハアハア」とあえぐような息をしたら、熱中症の恐れがあります。冷たいタオルなどで全身を包み、体温を下げるようにしながら病院へ連れていきましょう。

夏の部屋を涼しくするときの注意点

窓を開けて空気を入れる時、完全室内飼いネコであれば、ネコが出て行かないように窓に必ず網戸をつけましょう。さらに、防犯用の窓ストッパーを活用するとよいでしょう。

室温調節には、やはりエアコン（クーラー）がポピュラー。冷やし過ぎはネコには禁物、もし2部屋以上あれば、人がいる部屋にはクーラーをかけて、もう１部屋はクーラーを使わずドアを開けておいてクーラーの冷気が入るようにすれば、ネコは好みの温度の場所を選びやすくなります。また、タイマーを活用するのもよいでしょう。

また、ネコ用のベッドにペット用の冷却マット（クールマット）を置いてあげるのもいいでしょう。

子ネコを迎えるための準備いろいろ

コツ 09

子ネコにかかる諸費用

日常的な経費から医療費まで目安を知っておこう

最初にかかる費用、毎日の食事代などの日常的経費と医療費を紹介します。

子ネコを飼う時の費用など、気になるお金のことはこれで解決!

子ネコを飼う前に用意したいグッズ(P20、コツ5参照)をはじめ、一度購入すれば耐久性のあるグッズや毎日消費するモノまで、いろいろな商品の目安になるプライスを紹介します。

特に、**毎月かかるキャットフード(食事代)とトイレ砂の費用**は、しっかりと計算しておきましょう。どちらも子ネコには欠かせないアイテムです。たとえば、栄養バランスのしっかり

そろえておきたいグッズとその費用(目安)

※これらの料金はあくまで目安です

最初に揃えておくべき必需品

食器	500～3,000円
ネコ用ベッド	1,000～30,000円
トイレ	1,500～5,000円
トイレ(フード付)	3,000～6,000円

日常的にかかるフード&トイレ砂など

ドライフード(1ヶ月)	1,000円～
ウェットフード(1ヶ月)	5,000円～
トイレ砂・紙系(1ヶ月)	1,000円～
トイレ砂・木材系(1ヶ月)	1,500円～
トイレ砂・鉱物系(1ヶ月)	1,500円～
ペット用シーツ	500円～

耐久性のあるグッズ

ケージ	3,000～35,000円
キャリーバッグ	2,000～30,000円
首輪	500～2,000円
洗濯ネット	100～800円

グルーミング関連のグッズ

ブラシ	800～2,000円
ツメ切り	600～1,000円
ツメとぎ	500～3,000円
ノミ取りクシ	1,000～2,500円
シャンプー・リンス	600～3,000円
歯ブラシ・歯磨き粉	600～1,000円

ヘルシーグッズ&薬品(市販)関連

ネコ草　1鉢	200～500円
ネコじゃらし	300円～
アスレチック	5,000～90,000円
ノミ・ダニよけ薬	500～3,000円
かゆみ止め	500～3,000円
胃腸薬	500～3,000円
下痢止め	1,000～2,000円
虫下し	1,000～2,000円

とれたキャットフードであれば1kg 1,000円程度と考えても、月に3,000～4,000円程度の費用がかかります。また、トイレ砂は紙系のものでも、月に1,000～1,500円程度を見込んだ方がよいでしょう。

公的な健康保険がない、ネコの医療費

ネコにかかる医療費には、民間のペット保険は別として公的な健康保険はなく、全額自己負担となります。万が一、病気やケガをした時のことを考え、経済的な余裕をもっておきましょう。

なお、予防の面からもワクチン接種は欠かせないものと考えてカウントしておきましょう。

ネコには医療費がかかるもの

ワクチン接種を含め、ネコを育てるには医療費がかかるものであると覚悟しておきましょう。また、ネコの様子が明らかにおかしいのに、お金がないという理由で放置しておくことは飼い主としての責任を果たしていないことになります。

日常管理をしっかり行い、病気になりにくい体質をつくりながら、共済制度が主流になっているペット保険に加入していれば、いざという時も安心です。

なお、おもちゃを手づくりする、フードをまとめ買いするなどのお金の負担を軽くする工夫は可能です。

ネコの医療費について（目安）

項目	内容	料金
診察料	初診料	1,000～2,000円
	再診料	500～1,500円
時間外診料	平日・休日	1,735・2,226円※
	深夜	3,823円※
往診料	通常往診料	1,500円～
1泊入院料	治療費は別途	2,500～4,000円
予防接種	3種混合ワクチン	4,500～8,000円
	5種混合ワクチン	6,500～10,000円
注射料（薬剤料は除く）	皮下	1,200～1,500円
	筋肉	1,000～2,000円
	静脈	1,500～3,000円
点滴	1日	3,500～4,000円
処置料	投薬	300～500円
	点眼	800～2,000円
	外用薬	500～1,500円
	歯石除去（全身麻酔）	15,000円～
	包帯・ガーゼ交換	962円※
	抜糸	682円※
	浣腸	1,627円※
手術料	骨折	39,290円※
	腹膣空腫瘍摘出	41,118円※
	帝王切開	35,079円※
	去勢手術	11,541円※
	避妊手術	18,496円※
検査	ウイルス検査（血液検査）	2,615円※
	トキソプラズマ検査	2,917円※
	心電図検査	2,349円※
	X線検査（X線写真）	2,682円※

各項目は抜粋であり、料金はあくまで目安です。
※は社団法人日本獣医師会の小動物診療料金の実体調査による平均金額です

ネコアレルギーについて

ネコアレルギーの対処法は子ネコを清潔に飼うためにも役立つ

ネコアレルギーになる原因を知り
対処をすれば、アレルギーでも共存可能。

ネコアレルギーの場合の症状とは？

アレルギーとは、生体に侵入した異物を攻撃する機能が過敏に働きすぎて、体に影響を与えることをいいます。

ネコアレルギーの症状は、いろいろとありますが、「顔がはれる」「目が赤くなったり、かゆくなったりする」「くしゃみや鼻水、せきが出る」などがあります。ネコに触れて、急にこのような症状が出たら、ネコアレルギーであるかどうかを検査しましょう。

ネコアレルギーの原因は毛やフケ、皮膚のクズ

ネコアレルギーを起こす「元」となるものをアレルゲンといいます。アレルゲンになるものはいろいろありますが、ネコアレルギーを起こさせる実際の原因は、毛やフケ、皮膚のクズであるとされています。

ネコは毛が生え変わるため、古い毛は抜け落ちてしまいます。フケは、非常に細かく軽いため空中に漂います。また、ネコが体をかいた時、かなりの量の皮膚のクズを撒き散らしています。

アレルゲンの排除に努めよう

ネコアレルギーに対処するには、原因となるものを排除するように努力することが大切です。生活環境を清潔に保つうえでも役立つ次のポイントを参考にしましょう。

ポイント〈例〉

❶カーペットはやめましょう。原因となる毛やフケ、皮膚のクズの付着を取り除きにくいからです。

❷カーテンに掃除機をかける（週1回）、こまめに洗濯（3カ月に1度）。カーテンには非常に多くのアレルゲンがたまっているためです。

❸空気清浄機を使えば、アレルゲンを減らすことができます。

❹アレルゲンが付きやすい壁は拭き掃除をしましょう。

PART 2 子ネコの健康チェックと病気への対処法

大切な家族の一員になった子ネコだからこそ、その健康状態は常に気になるもの。子ネコの健康チェックと病気の対処方法など、覚えておくと安心です。

コツ11

ホームドクターを見つけるために

ホームドクターがいれば“いざ”という時も安心

子ネコを育てるうえで一番心配なことの1つが病気やケガ。
よい獣医さんを早めに選びましょう。

子ネコを飼うことは動物病院とつきあうことの始まりになる

子ネコはもちろん、**動物はしゃべることができません。**「熱がある」とか「ここが痛い」とか「あれを食べてから具合が悪い」とか、体調が悪くても伝えられないということは、飼い主が健康管理に気を使わないといけません。

子ネコのワクチン接種（予防接種）に始まり、定期健診、急病などで頼れる動物病院＝ホームドクターがいれば、心強い味方になってくれるはずです。

ホームドクター探しのポイント

ホームドクターがいれば、病気に関することだけではなく、いろいろな心配ごとにも**適切なアドバイス**をしてくれるはずなので、子ネコの生育には欠かせない**パートーナー**になるでしょう。

ホームドクターとの出会いは、通常であればワクチン接種（予防接種）（P46、コツ17参照）の時に始まります。ワクチン接種は生後2～3カ月後に1回目、その1カ月後に2回目の2回、その後1年に1回受けるのが基本です。（ペットショップやブリーダーから子ネコを手に入れたときは、予防接種の記録をもらいましょう）

次ページのチェックポイントを参考にホームドクターを決めておきましょう。

動物病院に行く時の注意点

病気やケガで病院に行く場合は、電話で症状の要点を伝えておきましょう。病院側も準備がしやすくなるはずです。

なお、病院に着いたときに詳しい症状を説明できるように、下痢ならば「いつから、どんな便が、何回くらいある」というような**メモを作っておくこと**が大切でしょう。

いざ、子ネコを病院に連れて行こうとしたら、キャリーバッグに入ろうとしないで逃げ回ることもあります。そんな時は、洗濯ネットを活用しましょう。また、病院に行く途中では、名前を呼んであげたり「大丈夫だよ」と声をかけたりしてあげましょう。

キャリーバッグに入りたがらないときの対処法

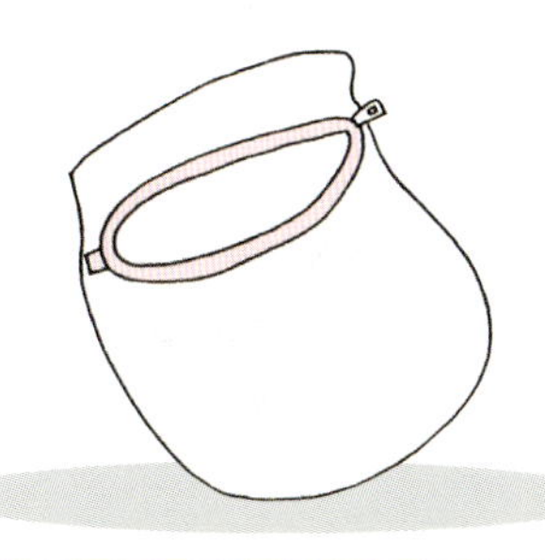

1 入り口が広い洗濯ネットを用意します。

2 うまく洗濯ネットをかぶせて中に入れたら、チャックをしてそのままキャリーバッグに入れます。

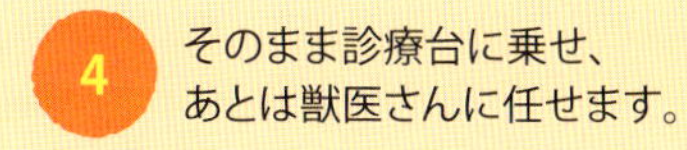

3 励ましながら、動物病院に連れて行きます。

4 そのまま診療台に乗せ、あとは獣医さんに任せます。

よい獣医さんを選ぶチェックポイント

- 病状などについて、うまくコミュニケーションがとれる獣医であること
- 質問にきちんと答えてくれること
- 家から近いまたは行きやすい場所にあること
- 病院内が清潔で、治療費も明確なこと
- ネット掲示板など口コミでの評判もよいこと

子ネコのために
よいホーム
ドクターを

子ネコの健康チェックと
病気への対処法

コツ
12

ネコの病気について

ネコの病気はいろいろ。知っておくことが肝心

ネコの部位ごとの病気を中心に
主な病気の種類の一部を紹介しています。

目と耳の病気

●結膜炎

まぶたの裏側にあるピンク色の結膜が炎症を起こす病気です。結膜炎の原因はさまざまです。目に引っかき傷ができたことや、ウイルスや細菌による感染症の症状として表れるなど多岐に渡っています。原因の究明が第一となります。

●耳ダニ症（耳疥癬）

乾いた黒っぽい耳アカがたくさんたまって外耳道をふさぎ、炎症を起こします。ネコは激しいかゆみで、しきりに耳をかくために耳の周りの毛が抜けたり、出血することもあります。ダニが寄生して起こるため、このダニを持つネコと接触しないことがポイントです。

呼吸器系の病気

●感染症上部気道炎

この病気の90％以上は、ネコウイルス性鼻気管炎（FVR）とネコカリシウイルス感染症（FCV）、またこれらの複合感染によるものです。FVRは、クシャミや発熱といった風邪のような症状がでます。FCVは風邪のような症状であったり、関節炎を起こしたりします。治療には抗生剤やインターフェロンを使います。

●気管支炎・肺炎

せきや発熱、呼吸困難などの症状が表れます。高熱が出て、うずくまったり、ゼーゼーと苦しそうに息をすることもあります。原因はウイルス感染症による呼吸器の病気の悪化が最も多いようです。

循環器系の病気

●心筋症

心臓を構成する筋肉（心筋）に異常が起こり、きちんと動かなくなって、心不全を起こす命に関わる重大な病気です。初期症状がないため、気づかないこともあります。

心臓の具合がよくないわけですから、元気や食欲がなくなり、疲れやすくなります。病気が進行すると、呼吸困難を起こしたり動こうとしなくなります。原因としては、ウイルス感染症や自己免疫疾患、遺伝的なものが疑われていますが、はっきりとはわかっていません。

伝染性の病気

●ネコ免疫不全ウイルス感染症（ネコエイズ）

通称はネコエイズで、免疫不全ウイルスに感染することで発症します。感染したネコに咬まれたりすると、唾液を介してその傷口から感染。数ヶ月潜伏したあと、発熱や白血球の減少などの症状が表れます。悪化すると、悪性腫瘍などが発生し、急激に衰弱して死に至ることがあります。

唯一の予防法は、感染したネコと接触しないことです。なおネコ以外には感染しません。

●トキソプラズマ感染症

トキソプラズマ原虫という寄生虫の感染によって発症します。症状がないケースからけいれんを起こすケースまで**さまざまな容態を見せます。**感染しているネコやネズミの便を介して感染します。なお、人にも感染しますが、心配のいらないケースが多いようです。

消化器系の病気

●巨大結腸症

大腸のほとんどを占める結腸の運動がスムーズにいかないため、便が溜まって**結腸が拡大する病気**です。原因が明らかではない場合が多く、先天的なものが多いとされています。便が出ないで、浣腸や下剤の投与、便をやわらかくする薬などを使います。改善がない場合は、手術で腸を切除したりします。

泌尿器系の病気

●ネコ下部尿路疾患

膀胱から尿道にいたる尿路の中に、結晶や結石ができて、炎症が起きたり詰まったりするため、尿が出にくくなる病気です。**オスがかかりやすいとされています。**

この病気は、いくつかの要因が重なって起きるといわれています。その中の代表的な要因の１つに栄養バランスが取れていないということがあげられています。特にマグネシウムの摂取量がポイントになっています。

●慢性腎不全

腎臓の組織が壊れるために腎臓が働かなくなり、尿素などの体内の不要物を尿として排出できなくなってしまう病気です。主な症状として水をたくさん飲む、体重減少、食欲不振を起こします。腎臓は一度壊れると元には戻らないため、**ネコの死因として多くあげられる病気の1つ**です。

皮膚の病気

●ノミアレルギー性皮膚炎

寄生しているノミの数に関係なく起こる皮膚炎で、主に首の後ろ側から背骨に沿って、または胸部に湿疹ができます。**ノミの駆除を徹底的に行う**ことがポイントです。

子ネコの健康チェックと病気への対処法

コツ13

子ネコのふだんの健康チェック

飼い主が積極的に毎日の状態をチェックしてあげることがコツ

健康状態をチェックするときのポイントや体重などの基本的な数値をつかむことが大切。

「いつもと同じ?」がキーワード

健康チェックといってもむずかしく考える必要はありません。ポイントをつかんで気にかけてあげるだけでOKです。最低でも次の4つについては「いつもと同じ?」という見方で毎日チェックしてあげてください。

❶ご飯の食べ具合は?

ネコはその日に食べる量が変わりやすい動物ですが、食欲のない日が数日間続いた場合は、病気の可能性もあります。

❷水の飲み具合は?

ネコは基本的に水をあまり飲まない動物です。水の減り方がいつもより早い時は要注意です。

❸ウンチの回数・硬さ、オシッコの回数・量は?

下痢をしても1日ほどで通常のウンチに戻った場合は心配ないでしょう。オシッコの回数や量は、固まるタイプのネコの砂を使うとチェックしやすくなります。

❹元気度合いは?

急におとなしくなったり、隅っこの暗い所でうずくまっている時間が増えた時には要注意です。このほかに、目、耳、鼻などの状態を見てあげれば、基本的には十分でしょう。

「正常な状態」を知っておくこと

かわいい我が家の子ネコです。子ネコのいつもの状態を知っていれば、病気やケガといった異常にも早く気づくはずです。特に、子ネコのときは体重を頻繁に量ってあげると、健康のバロメーターに使えます。

さらに体温、脈拍数、呼吸数(P33参照)を知っておくとよりよいでしょう。

ネコは、がまん強い動物といわれています。また、周りに自分の弱みを見せようとしません。つまり、体の不調をあまり表に出さないだけに、飼い主が気づいてあげることが大切です。

体重

子ネコは生まれてから約1年で大人のネコになります。つまり、子ネコの時代は成長が早いので、体重が順調に増える(種類によっては維持できている)ことが健康度合いを確認する手段になります。

人間の赤ちゃんが使う体重計でOK。また「ペット用体重計」もあります。いずれも20g単位で量れるので正確な増減がチェックできます。

チェックしたい
体の部位
●耳 ●目 ●鼻 ●お腹 ●口
●ノド ●被毛 ●四肢
耳
かゆがったりしていないか、ニオイがないか、汚れていないかをチェック。
目
目やにが多く出ていたり、涙がひどかったり、目が濁っていないかなどをチェック。
口
口臭やよだれの状態、見た目で変化がないかなどをチェック。
ノド
「せき」をしていないか、リンパ腺がはれたりしていないかをチェック。
鼻
鼻汁や鼻血が出ていないか、また乾き具合もチェック。
被毛
毛の抜け具合やフケの状態をチェック。
お腹
しこりがないか、硬かったり、ふくらんでいないかなどをチェック。
四肢
引きずったり、ケイレンを起こしたりしていないかをチェック。

ペット用体重計

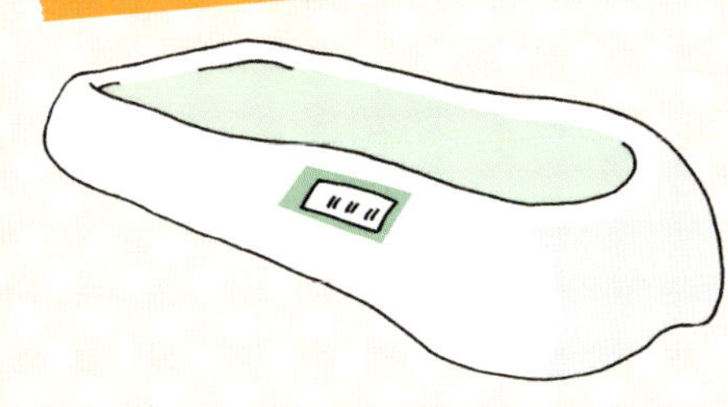

赤ちゃん用の体重計

コツ
14

子ネコの病気について

こんな症状を見つけたら要注意!すぐに病院へ

子ネコの様子に異変を感じたら、素人判断はさけて、ホームドクターに診てもらいましょう。

いろいろな症状があることを知っておけば少しは安心できる

子ネコにとって毎日の健康チェックは重要です。その中で異変を感じる症状に出会った時、「こういう症状もある」ということを知っておけば、飼い主として落ち着いた行動がとれるはずです。

ここで紹介する症状は数多くある症状の一部ですが、病気や病気の疑いにつながる可能性の高いものばかりです。素人判断で誤った処置をしないでホームドクター（P34参照）に診てもらい、早期発見こそが治療の第一歩と考えて対応しましょう。

食欲不振が続く

要注意の症状

食欲がない様子で、
ほとんど何も食べない状態が2～3日以上続く

ネコはむら気のある動物。1回食事を抜いたくらいでは病気と決めつけることはできません。ただ、食欲は体調の良し悪しのバロメーター。エサを変えたりして、それでも2～3日以上食べない時は内臓系の病気や口内炎などの疑いがあります。

下痢や血便など

要注意の症状

下痢が続いたり、便に血液や粘液が混じったり、
色がすごく黒い場合など

1～2回程度の下痢ならさほど心配はないでしょう。1日エサを与えないでみたり、消化のよいものを与えてみましょう。それでも改善しないときは病院へ。

なお、熱があったり、血便や粘液のまじった便の時はすぐに病院へ行きましょう。

脱毛がある

要注意の症状

体を痒がったり
脱毛がある

体を痒がったり脱毛がある場合、ノミやダニといった寄生虫の他に真菌症というカビが原因の皮膚病の可能性があります。これらは人間にもうつりますので至急、動物病院で検査を受けましょう。

瞬膜の露出

要注意の症状

ふだんは隠れている、
目の瞬膜が出ている

瞬膜は目頭寄りのまぶたの内側にある薄い膜。ふだんは引っ込んでいますが、異物が目に入りそうになると一瞬で目を覆い、眼球を保護します。その瞬膜が露出したまま引っ込まない場合はいろいろな病気が潜んでいる可能性があります。なお片目だけの場合は、異物の混入や目の損傷などの場合があります。

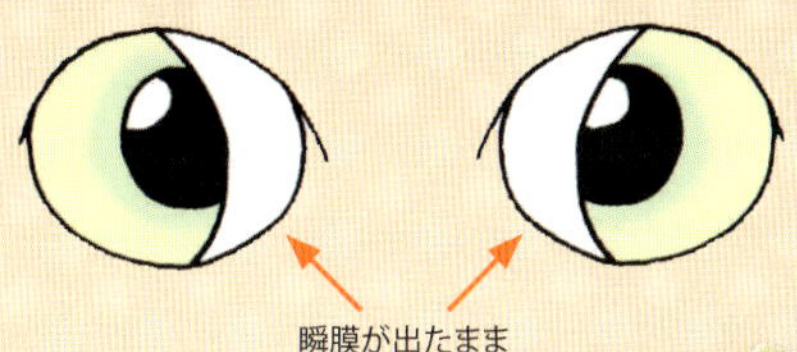

吐く

要注意の症状

１日に何度も吐いたり、また何日も続けて
吐いたりする

食べ過ぎてもどしたり、毛玉を吐く以外の嘔吐には注意が必要です。毎日のように繰り返し吐く場合は、消化器系や腎臓の病気、ウイルス感染症などの原因で起きることがあるので、必ず病院で診てもらいましょう。

呼吸が変

要注意の症状

「ハッハッハッ」と浅くて速い呼吸や
苦しそうに息を吸う時

運動後や暑い時を除いて、ネコの呼吸はとても静かです。その静かな呼吸が乱れている場合や犬のように口を開け舌を出してハァーハァーしている場合は重病になっている可能性もあるので、至急、病院へ行きましょう。

コツ 15

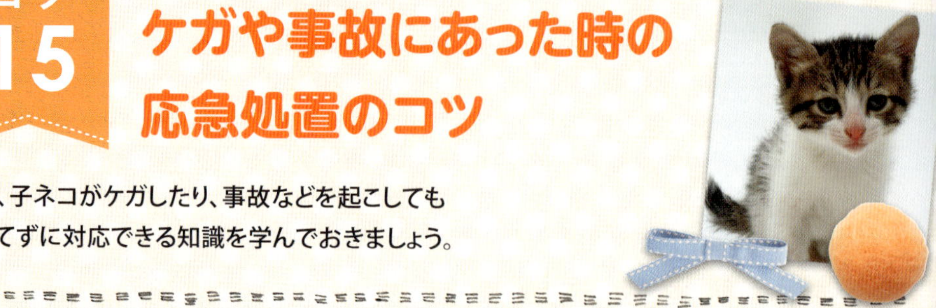

いざという時に備えて

ケガや事故にあった時の応急処置のコツ

突然、子ネコがケガしたり、事故などを起こしても
あわてずに対応できる知識を学んでおきましょう。

室内飼いの子ネコでも万一の場合に備えておこう

常備したい救急品

包帯・ガーゼ
出血があるケガなどのときに使います。
ガーゼは滅菌のものならよりよいです

消毒液
専用（動物用）の消毒液があります

エリザベスカラー
応急処置の最中にネコが傷口をなめないようにするのに便利です

あると便利なもの

- はさみ・ピンセット（先の丸いタイプ）
- 氷のう（患部を冷やす時に使用）
- 毛布（ネコの体をくるんだり、温める時に使用）

室外飼いのネコは、交通事故にあうかもしれないという最大の心配ごとや他のネコとケンカしてケガをするなど、キケンがいっぱい潜んでいます。一方、一歩も外に出さない室内飼いであれば、**室内で起こりうるケガや事故**の対応を考えておけばOKでしょう。

臨機応変な処置で子ネコの命を守れるケースもあるでしょうが、応急処置の目的は病院に着くまでの間、少しでも子ネコの**苦痛をやわらげ、症状の進行を防ぐ**ことにあります。なお、ケガや事故にあった子ネコは大変な興奮状態になっていることもあります。このようは時には無理強いして処置するのは禁物、全身を大きなタオルで包み、すぐに病院へ駆け込むのも手段の1つです。

出血

出血場所を確かめる
▼
傷口を消毒液で洗う
▼
ガーゼでギュッと傷口をおおい、すぐ病院へ

傷の深さや**出血の量**によって、対応は異なります。出血が少なく、ガーゼでおおってすぐ止まるようであれば大丈夫でしょう。10分ほど様子を見て、止まらなければ病院へ。足の場合は傷口から2〜3cm心臓よりの場所を布でしばって、止血を。

骨折

添え木をあてる
▼
包帯を巻いてすぐ病院へ

添え木はアイスキャンディーの棒のようなものが適切ですが、ダンボールを切って骨折の個所に合わせて使ってもOK。なお、患部に触れると**神経や血管**を傷つけるおそれがありますので、なるべく患部に触れないようにしながらやさしく処置してあげましょう。

感電

すぐにコンセントのプラグを抜く
▼
呼吸や心臓の具合を確かめて、すぐ病院へ

ネコがコードを咬んで感電した場合、まずネコに触れる前にコンセントのプラグを抜くことが先決。**人が感電する**可能性があるからです。それから、ネコが呼吸しているか、心臓が動いているかを確認。場合によっては人工呼吸や心臓マッサージを施しながら、大至急、病院へ。

おぼれた

意識があるかを確認
▼
水を飲んでいたら吐かせる

意識があり、水を飲んでいそうであれば、**水を吐かせます。**両手でネコの腰（後ろ足を持つと脱臼することもあるので注意）を持ち、逆さにして5〜6回振ります。その後、背中を平手で10回ほどパンパンとたたくとよいでしょう。なお呼吸が止まっている場合は、大至急、病院へ。

やけど

患部を冷水で冷やす
▼
滅菌ガーゼで患部をおおい、すぐ病院へ

ネコの皮膚は熱さを感じにくいので、飼い主が気づいてあげることが大切です。

刺し傷

刺さった針、ピンなどを抜く
▼
消毒をする

針、ピン、画びょうなど簡単に抜けるものは、そっと抜いたあと消毒液で傷口を消毒。処置がむずかしそうな場合は、すぐに病院へ。

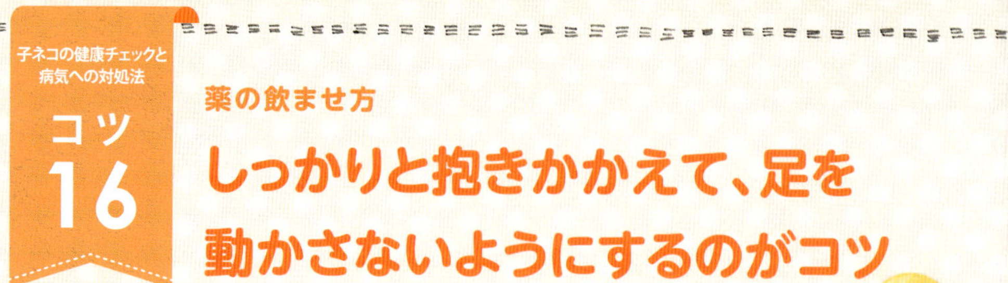

コツ 16

薬の飲ませ方

しっかりと抱きかかえて、足を動かさないようにするのがコツ

警戒心の強いネコに薬を飲ませるのはとっても大変!
まず、最初は2人がかりで薬を飲ませる方法からトライしましょう。

喉の奥に薬を入れて、鼻先を上に向けよう

まず、基本はひざにしっかりとネコを抱えこみ、片方の手であごの付け根に親指と中指を当て、人差し指で口を開けて薬を入れます。このとき、のどをさすると上手く飲む込むことができます。**「ゴクッ」という音が聞こえたら、きちんと飲んだ合図。**聞こえなかった時は、口の中に薬が残っていることがあるので、確認しましょう。なお、もう1人に前足を持ってもらうと飲ませやすいです。また、どうしても1人で行わなければいけない場合は、バスタオルなどでネコをくるんでしまうのも1つの方法です。

TRY!

薬を飲ませてみよう!

錠剤の飲ませ方

1 片方の手で頭を固定し、もう片方の手で、あごの付け根に親指と中指を当てます。

2 人差し指で口を開け、薬をのどの奥に入れます。

3 薬を入れたら、口を閉じ、頭を固定させたまま鼻先を上に向けます。

粉薬の飲ませ方 ［水で溶いた粉薬を、スポイトまたはティースプーンに入れて用意してください］

●スポイトを使う場合

1 片方の手で首の付け根に指を当て、口を開きます。

2 そのまま、顔を上に向け、スポイトに入れた薬をのどの奥に入れます。

●スプーンを使う場合

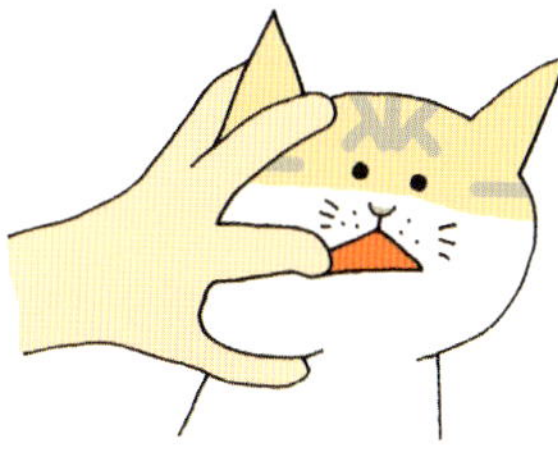

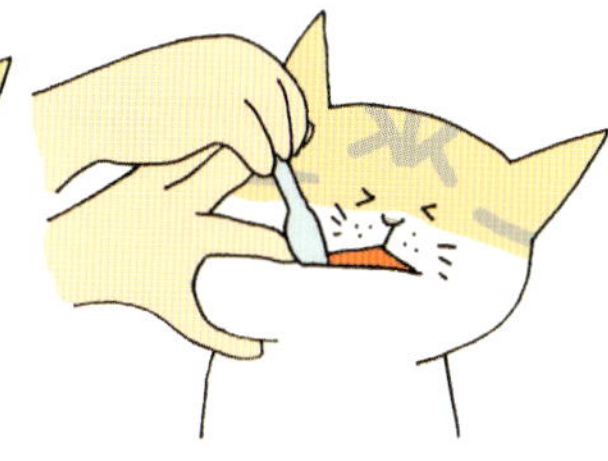

1 顔を手で保定します。このとき、口は開かないようにします。

2 口の端を保定している指で引っ張ります。

3 開いた口の脇からスプーンを差し込み、薬を入れます。

液剤の飲ませ方

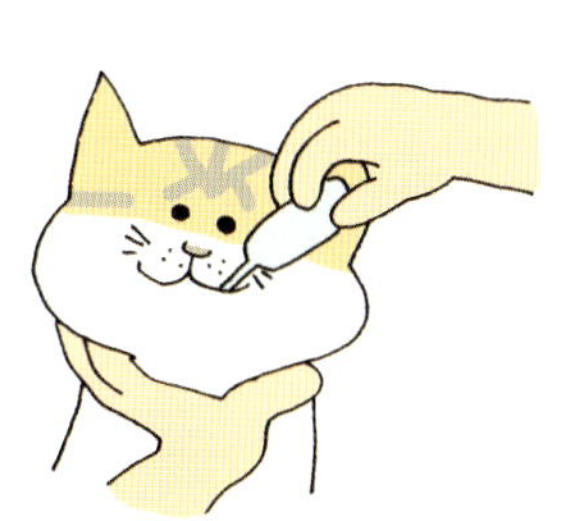

1 顔を少し上に上げて、アゴを手で保定します。

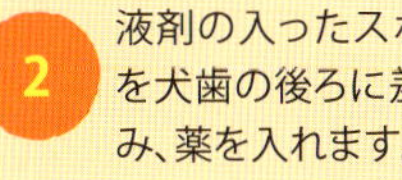

2 液剤の入ったスポイトを犬歯の後ろに差し込み、薬を入れます。

3 薬を入れたら、口を閉じ、鼻先を上に向けてのどをさすります。

コツ 17

ワクチン接種と健康診断について

子ネコの感染症を防ぐには ワクチンを知ることが大切

大切な子ネコの命に関わることもある感染症。
その危険を避けるためにも、ワクチンについて知っておきましょう。

たとえ室内飼いのネコでも、飼い主が病原体を持ち込み感染することも

子ネコの血中抗体量を調べると、子ネコがつくり出せる抗体量と母親から受け継いだ抗体量が、生後1カ月半から2カ月半の間、非常に低いレベルにあり病気に感染しやすくなります。免疫力が低い状態にある子ネコが病気に感染すると命に関わることもあります。

最初のワクチンは通常生後2カ月をめどに打ちます。そしてさらに1カ月後にもう1度打つのが基本です。2回打つことで数倍の抗体量を得ることが可能になります。室内飼いをしているネコでも飼い主が病原体を持ち込み、それに感染することもあるので、その後も年に1度のワクチン接種を心がけたいものです。

早期発見、早期治療で長生きに

ネコは病気を発症すると何らかのサインを見せます。しかし、そんなサインに気がつきにくい場合もあり、症状が進行してしまうこともあります。そんなケースを防ぐためにも1年に1回は健康診断を受けさせたいもの。検査項目はネコの年齢や状態によって異なるので、獣医師に相談しましょう。

動物病院への通院スケジュール見本

子ネコの年齢（月齢）	スケジュール
生後1カ月	拾ってすぐに動物病院へ！ 寄生虫の有無など健康状態を調べます
生後2カ月	血液検査&最初のワクチン接種へ
生後3カ月	2回目のワクチン接種
生後4カ月	子猫の飼育相談
生後5カ月	不妊手術の相談・事前検査
生後6カ月ごろ	不妊手術を実施
満1歳	精密検査を含めた健康診断 （以後1年に1回は健康診断をうける）

※これは見本です。子猫の体調やようすに気になる点があれば、その都度獣医師に相談するようにしてください。

ワクチンの種類と予防できる病気

ワクチンの種類 / 予防できる病気	3種混合	5種混合	単体	単体
猫ウイルス性鼻気管炎	●	●		
猫カリシウイルス感染症	●	●		
猫汎白血球減少症	●	●		
猫白血病ウイルス感染症		●	●	
猫クラミジア感染症		●		
猫エイズウイルス感染症				●

●猫ウイルス性鼻気管炎

ヘルペスウイルス感染から、目やに、鼻水、クシャミ、発熱など、
かぜに似た症状を見せます。重症化すると肺炎になることもあります。

●猫カリシウイルス感染症

猫ウイルス性鼻気管支炎、猫クラミジア感染症とともに「猫かぜ」と呼ばれています。
涙や目やに、くしゃみなどが見られます。

●猫汎白血球減少症

子ネコが感染すると数日で衰弱、死亡することもある病気。
白血球が減少し下痢や激しい嘔吐による脱水症、発熱、貧血などの症状が見られます。

●猫白血病ウイルス感染症

感染した猫との接触や母子感染などで発症。症状は貧血、発熱、下痢など。
発症を防ぐためにも免疫力を低下させないよう注意しましょう。

●猫クラミジア感染症

クラミジアという細菌に感染して発症する猫かぜの一種。くしゃみ、せき、結膜炎などの
症状を起こし、抗生物質投与により治療を行います。

●猫エイズウイルス感染症

免疫機能の低下により、ほかの感染症にかかりやすくなります。感染から発症まで
長ければ10年以上かかることもあり、そのまま発症せず天寿を全うするケースもあります。

コツ
18

ネコの肥満化

肥満防止は食事・運動のコントロールがコツ

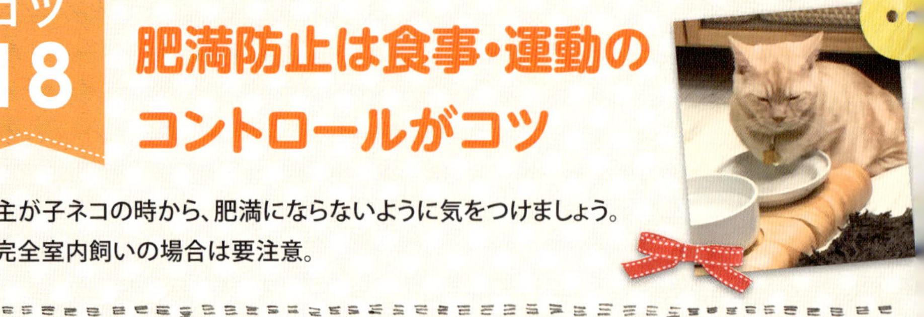

飼い主が子ネコの時から、肥満にならないように気をつけましょう。
特に完全室内飼いの場合は要注意。

肥満になる仕組みは人間と同じ

肥満の基本的な原因は、摂取するカロリーが消費するカロリーを上回ることにあります。余ったエネルギーが体に蓄えられて、肥満になるのは人間と同じです。

もともとネコは、「狩り」（エサを獲得する）をする野生動物としての習性を持っていますが、室内飼いのネコは当然「狩り」をせずに、栄養（食べもの）を十分に与えられています。現代のネコは、その**摂取したカロリーが消費できないケース**が増えているため、肥満になりやすい状況にあります。

また、去勢・避妊（P50、コツ20参照）が一般化する影響として運動不足やホルモンのアンバランスが起こり、太りやすくなっていることもあります。

肥満は病気の引き金になりやすい

これも人間と同じ面があります。たとえば糖尿病、一度かかると完治は難しく、一生涯治療が必要になることもあります。また、肥満体で運動量が少ないと、脂肪が肝臓にたまり、機能が低下する脂肪肝になります。さらに、心臓や泌尿器系の病気、重い体を支えることで骨格や関節への負担をまねくなどのリスクがあります。

いわゆる**「デブネコ」**は、さまざまな**病気の原因**を抱えていることになります。子ネコの時から、「デブネコ」にならないように管理してあげましょう。

肥満度チェックを心がけよう

ネコがやせているか、太っているかの判断は見た目で可能なところもありますが、ポイントは**「肋骨」「お腹」「腰・背中」**の3つを見ることです。なかでも、触ればすぐわかる「肋骨」の状態は、肥満度チェックのカギになります。

美しい体型をいつまでも守ってあげましょう

ダイエットの方法

肥満のネコや太り気味のネコのダイエット法は、いくつかあります。最もポピュラーなのは食事の調節とエネルギーを消費させる運動です。

食事については、少ないカロリーで各種栄養が摂取できることを表示している、いわゆる「ダイエットフード」があります。ただし、ネコの体質によって適性なものが違うことがありますので、獣医さんに相談することが大切です。

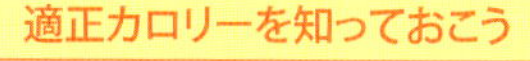

適正カロリーを知っておこう

ネコの体重や年齢によっても変わってきますが、1日当りの適正なカロリー量を出す簡単な計算式は次の通りです。

まず、RER（安静時エネルギー必要量）を計算します。

RER＝30×体重（kg）+70

※但し、ネコの体重が2kg以上の場合

RERに発育ステージに合わせた係数を掛けると、DER（1日当りのエネルギー必要量）が計算できます。

肥満傾向のネコ … RER×1.0
成長期のネコ … RER×2.5
妊娠期のネコ … RER×2.0
などとなっています。

たとえば、成長期の4kgのネコであれば
RER＝30×4（kg）+70＝＜190＞
DER＝＜190＞×2.5＝475kcal
この475kcalが、使っているフードの何グラムに相当するかを計算すればOKです。

肥満度チェック・シート

やせ気味のネコ

皮下脂肪がごく薄く、簡単に肋骨に触ることができ、お腹の骨格が浮き出しています。腰のくびれも深くなっています。

理想的な体型のネコ

わずかな皮下脂肪を通して肋骨に触ることができ、お腹はわずかにへこんでいて、腰・背中も適度にくびれています。

太り気味のネコ

皮下脂肪が邪魔して肋骨に触ることがむずかしく、お腹は平坦。腰のくびれがなく、背中がわずかに広がっています。

肥満のネコ

厚い皮下脂肪のため肋骨に触ることが困難。お腹は垂れ下がり、腰のくびれがなく、背中が著しく広がっています。

子ネコの健康チェックと
病気への対処法

コツ
19

避妊手術と去勢手術について

子づくりの判断! 子ネコの時にしっかりプランすることがコツ

どちらの手術も「かわいそう!」と思うのは
飼い主の勝手な判断に過ぎません。

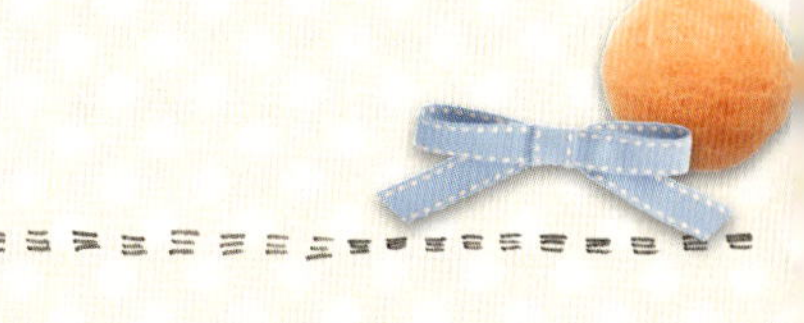

子ネコの成長と発情期

子ネコが性的に成熟する歳月には幅があります。メスは生後5～12ヶ月前後、オスは9～11ヶ月前後に交尾できる体になります。

また、動物には発情期があります。**ネコの場合は早春と初秋の年2回**(その中間に起きることもあり、4回のケースも)が普通です。なお、最大の発情期は早春に訪れます。発情期を迎えると、オスもメスも本能的に異性を求める行動をとるようになります。

発情期の行動とは?

オスの場合、真後ろに向かってオシッコをする**「スプレー行為」**を行うようになります。また、メスを求めてしきりに外に出ようとしたりします。

メスの場合、床に寝転がり体をくねらせたり、腰を高く上げるなどの求愛行動が目立つようになり、大きな声で鳴いたりします。

完全な室内飼いでも手術は必要?

1歩も外に出ない室内飼いのネコであれば、他のネコとの接触自体がありえないのだから、オスでもメスでも**手術は不要である**と考えがちです。ところが、室内飼いでもネコは本能で発情期の行動を起こします。

つまり、手術をしないと、性衝動だけを我慢させられる残酷な状態におかれてしまいます。

手術をすればラクになる

去勢手術や避妊手術をするということは、発情期が来ても発情することがなくなるということです。春が来ても秋が来ても普段のまま、**1年中、同じ行動で**OKということになります。

産ませたい場合

純血種の場合、血統書に書いてある登録団体に相談してください。また、ブリーダーに相談するなど、専門知識が必要であることを覚えておきましょう。

去勢手術と避妊手術の知識いろいろ

男の子		女の子
去勢手術は、睾丸の摘出が一般的です。開腹手術もしません、麻酔から覚めれば帰宅できます。入院する場合でも長くて一晩ですみます。**タイミング**は6～10カ月齢程度ですが、時期については獣医師に相談しましょう。	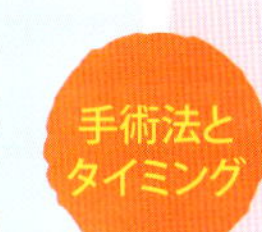 手術法とタイミング	避妊手術は、卵巣・子宮を摘出します。なお、この手術では入院が必要となる場合もあります。タイミングは卵巣・子宮の成長の具合によりますので、**時期については獣医師に相談しましょう。**
顔・肩・あごのまわりの筋肉が少なくなります。子ネコの時のような性格になり、甘えん坊になります。もちろん「スプレー行為」もなくなります。(完全に消失しない場合もあり)	 術後の変化	発情期がもたらす感情の起伏がなくなり、落ち着いた性格になります。気持ちも安定し、大声で鳴くこともなくなります。
攻撃性・なわばり意識が弱まります。**性格も穏やかに**なり、外に出たがることもなくなります。なお、ほかのネコとのケンカも少なくなります。	 メリット	卵巣・子宮系の病気はなくなり、乳腺の腫瘍の発生率が下がります。**感情も安定**し、飼いやすくなります。
脂肪の代謝が低下することなどにより、**太りやすくなります。**肥満化に注意。	 デメリット	運動量が減ることでカロリー消化が少なくなり、太りやすくなります。**肥満化に注意。**

アンケート調査では約70%の人が去勢・避妊手術を行っています

サンプル数が235(平成15年調査)と少ない数字ですが、「すべてのネコに手術をしている」という人が63.8%を占めています。「一部のネコに手術をしている」が6.4%で、両方を合わせると70.2%になります。同じような平成2年の調査では、サンプル数690で「手術を受けている」と回答した方は37.4%でしたから、飛躍的に伸びています。

わからない 1.7%
手術を受けていない 28.1%
一部のネコに手術をしている 6.4%
すべてのネコに手術をしている 63.8%

※なお平成15年以降、この調査は行われていません。
アンケート調査 「動物愛護に関する世論調査」、内閣府大臣官房政府広報室調べ

コツ
20

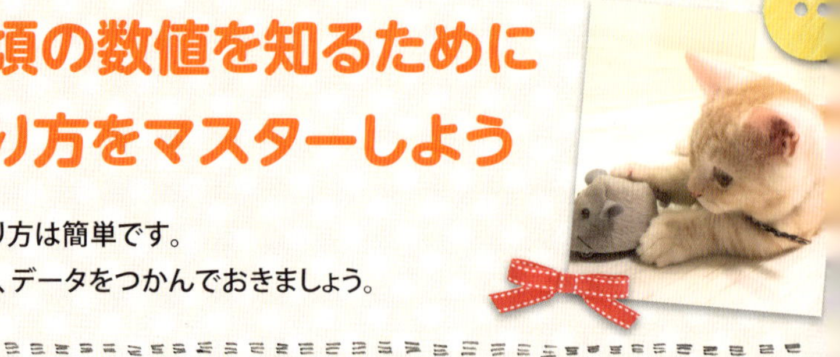

子ネコの体温・脈拍・心拍数

日頃の数値を知るために 測り方をマスターしよう

**体温・脈拍・心拍数の測り方は簡単です。
手間ヒマを惜しまないで、データをつかんでおきましょう。**

子ネコの元気を数値で キャッチしておこう

子ネコの具合が、悪そうに見えて、「熱があるのかな？」「息の仕方も少し変かな？」と思い体温や呼吸数を測ったとします。この時、普段の元気な場合の数値を知らなければ、その数値が高くても度合いがつかめません。

ネコは基本的には野生動物、健康を守るという意識がないことはもちろん、本能的な防御しかしません。飼い主が思いやりを持って、健康管理をしてあげることが大切です。特に、**日頃の健康状態を把握**しておくためには、子ネコの体重チェックはもちろん、体温、脈拍、呼吸数を記録しておくことが重要でしょう。

TRY!

体温・脈拍・呼吸数を測ってみよう！

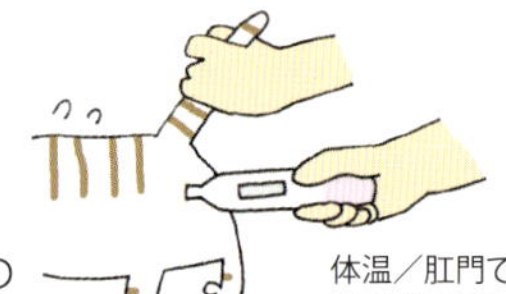

体温／肛門ではなく、
耳の穴で測る方法もあります。

体温の測り方

ネコの**体温は38～39度**くらいなら正常といわれ、子ネコの場合は、少し高めの38度後半くらいが多いようです。

体温の測り方は、①人が使う体温計（ラップなどを巻く）にオリーブオイルなどを塗ります。②シッポを持ち上げ、**肛門に2～3cm差し入れ**1分程度測ります。③使用した体温計はエタノールなどで消毒しておきます。なお、先端にウンチがついてしまった時は低い値になるのでやり直しましょう。また体温計は人間用でも動物用でもOKですが、デジタル体温計を使いましょう。

脈拍と呼吸数の測り方

脈拍数／動脈を探りあてて
測ります。

呼吸数／寝ている時に起こさないで
測るのがベスト。

脈拍数は1分間に**100～180回**くらいなら正常とされています。熱が高い時や興奮時には数値が高くなり、体力の消耗や脱水、ショック症状の時は低い数値になります。脈拍は、後ろ足の付け根の内側上部3分の1ほどのところにある動脈に軽く中指をあてて測ります。なお脈拍の測り方には、これ以外の方法もあります。

呼吸数は1分間に**20～30回**くらいなら正常とされています。測り方は、子ネコがくつろいでいる時（寝ている時）に、胸やお腹にそっと手をあて、その部分の上がり下がりの往復を1回として数えます。

PART 3

子ネコとの暮らし、スタート

一緒に暮らす子ネコは、いわば大切な家族の一員。
毎日の食べものやお手入れのこと、「しつけ」について
など重要なポイントを紹介します。

子ネコとの暮らし、スタート

コツ21

子ネコを迎える心構えと環境づくり

子ネコの気持ちを理解し、子ネコの喜ぶ部屋づくりがコツ

何もかもが初めての子ネコはとてもおびえています。
早く慣れてもらうためのポイントをつかみ、快適な環境づくりを。

初めてのことばかりで子ネコはおっかなびっくり

初めて飼い主の家に連れて来られた子ネコは、見るものすべてが知らないものばかりです。キョロキョロする子ネコの姿は、不安の表れであると理解してあげましょう。その解決策の1つが、専用のベッドを用意してあげることです。

子ネコがこれまで使っていたタオルやクッションがあれば、ベッドの中に敷いてあげるだけで、**そのニオイにきっと安心**してくれるでしょう。ゆっくりと落ち着けるスペースがあればストレスがたまらず、子ネコは元気に育ってくれるはずです。

最初の3日間は子ネコのために時間をとる気持ちで

子ネコとの暮らしを快適で幸せなものにするためには、**最初の3日間が大切だといわれています。**自由に家の中を歩く子ネコを見守ることで、子ネコにとって危険な場所(風呂場や洗濯機など)を発見することができます。危険な場所を見つけたら、すぐに改善しましょう。また、どうしても子ネコに乗ってほしくない場所があれば、「ここには乗ってはいけない」とわからせるために、しつけをしましょう。最初に習慣をつくってしまうことが、子ネコとの快適な暮らしをスタートする秘訣です。

TRY!

子ネコの正しい抱き方

片手で胸(前足の付け根の後ろ)のあたりを支え、同時にもう一方の手でお尻(後ろ足のあたり)を支えてあげます。

これはNG!

親ネコが子ネコを運ぶ時に、子ネコの首すじをくわえて運ぶ姿を目にすることがありますが、これを人間がしてはいけません。

子ネコに早く慣れてもらうためにこれだけは知っておこう!

1 すぐに抱っこなどは禁物。好奇心旺盛な子ネコは自分から動き出します。

2 新しい環境では子ネコに部屋の中を納得いくまで探索させて、静かに見守りましょう。

3 かわいいからと言って無理に抱いたり、人に見せて回ることは禁物です。

4 子ネコは1日20時間ほど眠ります。リラックスできるように、専用のベッドを用意しましょう。

5 子ネコの方からじゃれてきたら一緒に遊んであげてください。子ネコの体調を考えて遊びすぎには注意しましょう。

6 大きな音はストレスの原因です。静かに落ち着ける環境が大事。周りの人にも協力してもらうことが必要です。

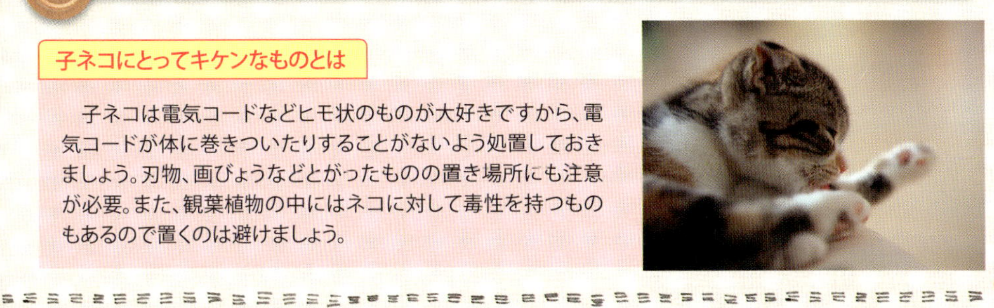

子ネコにとってキケンなものとは

子ネコは電気コードなどヒモ状のものが大好きですから、電気コードが体に巻きついたりすることがないよう処置しておきましょう。刃物、画びょうなどとがったものの置き場所にも注意が必要。また、観葉植物の中にはネコに対して毒性を持つものもあるので置くのは避けましょう。

子ネコが喜ぶ部屋づくりのポイント

ネコは人ではなく家につくといわれるように、住んでいる場所には強い執着心があります。子ネコを迎えるにあたって、子ネコと快適に暮らすための部屋づくりが必要になってきます。ネコにとって楽しい部屋づくりと危険を回避する安全な部屋づくりについていくつかポイントをまとめましたので参考にしてみてください。

カーペットやマットを利用しよう

ネコは夜行性なので、たとえ１匹でも真夜中に走り回るのは珍しいことではありません。マンションなどの集合住宅の場合、階下の住民にも迷惑がかかるので、床の防音対策としてマットやカーペットを利用するのもよいでしょう。

ただし、ネコが吐いたり粗相をしたときのことや、抜け毛などで汚れることを考えて、掃除がラクな材質を選ぶのがポイントです。

高低差がある家具の配置をしよう

ネコは高いところが大好きです。キャットタワーなどでもいいですが、部屋の中のタンスや棚の上がネコの格好の遊び場となります。ネコが飛び乗った拍子に上に置いたものが落下するキケンがありますので、なるべく物を置かないようにするとともに、ぐらつきがないかなど十分に注意しましょう。

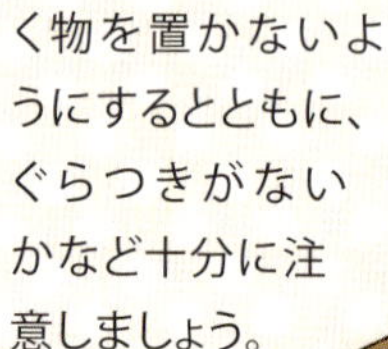

カーテンにはひと工夫が必要

特に子ネコの場合、カーテンに飛びかかり、ツメでよじ登ってしまうこともあります。その姿はかわいいものですが、カーテンはツメでボロボロになったりします。ある程度の被害は覚悟しておいた方がいいでしょう。

カーテンにしつけ用スプレーをしたり、ブラインドやすだれに替えるなどの工夫も必要でしょう。

窓やベランダには防護柵などの工夫を

窓やベランダは**ネコの墜落事故を防ぐ工夫**が必要になります。全開にするのはキケンです。網戸にカギがあるときは閉めておくほうがよいでしょう。網戸がない窓や網戸にカギがない場合は、ネコが通り抜けできないぐらいにしか窓が開かないように補助具をつけるようにしましょう。また、ベランダや窓際で遊ばせたい場合は、防護柵や防護網を取り付けましょう。

大事なものは整理しておこう

パソコンやステレオなどの精密機器にはカバーをかけたり、棚の下に置くなどして直接ネコが触らないようにしておく必要があります。また、小物類も棚やケースの中にしまうなど、普段から整理・整頓しておきましょう。近くに寄ってほしくないものには**しつけ用スプレー**をしておくという手もあります。

ポイントをおさえた理想の部屋づくり

ネコが満足できる安全な部屋とはどんなものでしょう？特に、室内飼いのネコにとって**部屋は「世界」**になるので快適にしなくてはなりません。暑い時期は、冷たい床や風通しのよい廊下や玄関に行き、寒い時期になると、こたつ、床暖、ホットカーペットがあればそこで丸くなります。

また、床に近い場所よりは高い場所を好みます。ネコの安全を確保し、楽しく生活ができて、飼い主も満足できる部屋づくりを心がけていくことが、とっても大切です。

子ネコとの暮らし、スタート

コツ 22

ネコのさまざまな習性について

ネコの習性を理解してあげ、やさしく接することがコツ

ネコの行動には理由があります。ネコの本能を理解して、一緒に暮らしていくことが楽しくなるようにしましょう。

ネコは本来狩りをして獲物を捕る動物

狩りの衝動がインプットされて生まれてくる子ネコは、目が見えるようになると同時に理屈抜きで小鳥や虫のような獲物らしき動きに反応してしまいます。獲物を攻撃することは本能によるものですが、獲物の捕り方や殺したり食べたりすることは母ネコから教わって身に付くものです。

飼いネコの場合、本当の狩りではなく、まねごと（遊び）でも狩りの衝動は満たされるのです。

子ネコの時から外に出さないことにより狩りの習慣をなくしても本能は生きています。**子ネコの中に狩りの欲求**がたまるので、十分に遊んであげて、ストレスをためないように気をつけてあげましょう。

子ネコは狭いところが大好き！

子ネコが狭い場所に入っている姿をよく見かけます。一般的に『ネコは狭いところが好き』といわれていますが、それは一体なぜなのでしょう？わざわざ狭いところに窮屈そうな格好でいるのには理由があります。

1つはもともと単独行動を好むネコが、ケガや病気の時などに1人でじっと体力を温存し回復をさせるという意味があります。もう1つはネコが人に飼われず野生で生活していた時代に、狩りで得た獲物を邪魔されず、安心して食べるために狭く暗い所に運んでいたことが、今でも習性として残っているようです。すべては**野生時代の本能が大きく影響**し

ています。

この行動の裏付けとして、狭い所で寝ている子ネコの顔は必ず外に向いています。これは、ネコが外敵から身を守っている行動で、敵が来た時にすぐに察知し逃げることができるようにしているからです。

つまり子ネコが狭い所にいる時は、居心地がよくて安心している時なのです。こんな時の子ネコは、可愛さのあまり手を出したくなりますが、気がすむまでいさせてあげましょう。

ネコは夜行性、夜になると元気いっぱい

ネコの1日の平均睡眠時間は14時間〜16時間、子ネコなら20時間ぐらい寝ています。しかし、**夜行性のネコ**は夜になると活発に活動します。夜に最も元気が出る体内時計をもっているため、じっとしていられず突然走りだしたりするのです。逆に昼間はほとんどの時間を寝て過ごしているため、寝てばかりいるように感じます。

本来ネコは狩りをする肉食動物で、その狩りのために多大なエネルギーを使います。瞬発的なエネルギーを必要とする肉食動物は、**次の狩りのためのエネルギーを温存**するために多くの時間を寝て過ごすようになったのです。狩りをしなくなった飼いネコも、たくさん寝るという習性がそのまま残っているようです。

ところが、飼いネコは歳をとるに従い、飼い主の生活習慣にあわせる傾向にあります。飼い主が寝ている時間に起きていても、何も得ることがないことがわかってくるからでしょう。

ネコ（室内飼い）の1日の行動パターン例

なわばり争いもなく、安全な室内でのネコの生活は睡眠中心になります。真夜中に騒ぐことも少なくなります。

午前7時	起床
	部屋の中をパトロール
午後8時	朝食
	仮眠を中心に部屋の中を徘徊
午後8時	夕食
	本格的に遊ぶ!
午後10時	就寝

1日20時間寝るネコもいます。
子ネコは1日3回の食事になります。

安心できる場所と食糧のある場所がネコのなわばり

ネコは、子ネコのあいだ集団で暮らしますが大人になると単独生活をするのが本来の姿です。それゆえ、**なわばり（テリトリー）には敏感な動物**です。なわばりには2種類あります。ホーム・テリトリーは、家とその庭程度の狭い範囲で、他のネコに

侵されることのない、寝たり食べたりするくつろぎの場所です。同居しているネコや人間以外の侵入を許しません。もう1つはハンティング・テリトリーで、ホーム・テリトリーを中心としたおよそ直径500m以内の狩りをする場所です。他のネコと共有していて、ネコの社交場である集会場もその中にあります。飼いネコは狩りをする必要はありませんが、自分のなわばりを守りたいという本能を忘れることはないので、完全室内飼いのネコでない限り、定期的に外に出て、なわばりを調べて歩きます。

完全室内飼いのネコの場合は家の中のいちばん**お気に入りの場所がなわばりの中心**で、家の中全体がなわばりとなります。必要なものが揃っていれば、広いなわばりは必要ないのです。

ネコにとっての室内飼いは快適なもの

ネコが窓の外を眺めていると、外に出たいのかな?と感じる飼い主さんは少なくありません。しかし、それは人間の勝手な思い込みで、実はネコが窓から外を眺めているのは、**窓が自分のなわばりの境界線**であることから、外を見張っているに過ぎないのです。

外に出られないネコは不幸に見えますが、十分な食べもの、トイレ、安全な寝場所があれば快適なのです。なお、完全な室内飼いにする時には、「外を経験させない」というのが鉄則です。子ネコの時から外に出さなければ、外に興味を持つことはありません。

ネコにとってマーキングは重要な行動

マーキングとは、なわばりの見回りで行われる**自分の印をつけるニオイつけ行為**です。ネコの体には臭腺がありそのニオイをいろいろなところにつけて、安心感を得ているのです。ネコがよくテーブルの脚やタンスの角に顔や頭をこすりつけたり、人の足にまとわりつくようにして顔などをスリスリつけるのは、「自分のもの!」という印をつけているのです。そのほかにツメとぎも、ストレス発散だけではなくマーキングの行動でもあります。

ネコのニオイつけ

ネコは足の裏だけに汗をかく。その汗にもニオイが含まれます。

何でもいいから、こすりつける。安心している証拠。

首の後ろ側や背中にも臭腺があります。

不安を感じた時など立ったままオシッコを後ろに飛ばします。強烈なニオイがします。

安心すると顔をこすりつけたくなります。結果的にニオイがつきます。

体の大きさや強さをほかのネコに誇示。

子ネコの成長過程を知っておこう!

子ネコは生後約1年で大人になります。この間、子ネコは日に日に大きくなっていきます。子ネコの成長過程に合わせて環境を整えましょう。〈目安です〉

年齢	体重	成長の様子	食事の種類・回数 ※注意
～2週	250g	目が開いてきます。歯茎の下にうっすらと歯が確認できます。ツメをしまうことはまだできません。	1回約3～8ccのネコ用ミルクを4～5時間おき ※一度開いた目が目やにで閉じてしまったら目薬を差しましょう。
～4週	500g	耳が三角になってきます。周りの様子を気にするようになってきます。歯が生え始めます。	1回約10ccのネコ用ミルクを4時間おき※ミルクは欲しがるだけ十分に与えましょう。いろいろな物を口に入れるようになります。
～6週	800g	針のような歯になってきます。走ったり、じゃれたりできるようになります。ツメが引っ込められるようになります。	離乳食を開始しましょう、1日4回 ※食べ残しは片付けてあげてください。
～2ヵ月	1kg	おもちゃで遊ぶのも板についてきます。目の色がはっきりしてきます。	子ネコ用フードを1日3回 ※1回目の予防注射の時期です。ついでに簡単な健康診断も。
～4ヵ月	2kg	カーテンに登ったり、ごみ箱にダイビングしたり…活発に遊びます。	子ネコ用フードを1日3回 ※2回目の予防注射の時期です。
～6ヵ月	3kg	成長が著しい頃です。生後5ヵ月ころ乳歯が生え変わります。思春期を迎えるのもこの頃。	子ネコ用フードを1日3回 ※避妊・去勢手術に適した時期に入ります。
～1年	5kg	大人のネコになりました。叱られることがあることを少しわかるようになります。	去勢・不妊手術後は成猫用フードに。 ※受けていない場合は1歳をめどに。

コツ 23

キャットフード選びと与え方

キャットフードの種類、栄養、特性を知ることがコツ

ネコを健康に育てるために
キャットフード選びの基礎知識を学びましょう。

毎日のことだから正しい知識を持とう

ネコは体調や気分によって食欲にムラが出てくる時があります。その度にペットフードを変えたりして新しい味を覚えさせるとネコはどんどんワガママになり、飼い主にもネコにも好ましい状態ではありません。また、飼いネコは自分で判断して必要なものを摂取することができません。**飼い主がネコの食事に関する知識**を持っておくことが大切になります。

ネコの体調や年齢によっても必要な栄養素と食事量は変わってきます。特に子ネコが健康に成長をしていくためには食事選びが大切になってきます。

ドライフードとウエットフードのメリット・デメリット

キャットフードは大きく分けて2つのタイプに分かれます。

１つは**ウエットフード**と呼ばれる、缶詰やレトルトパウチで売られている生タイプ。もう１つは、袋詰めで売られている**ドライフード**と呼ばれる固形タイプです。それぞれどちらもネコに適した食品といえますが、メリット、デメリットもあります。

また、総合栄養食と書かれたタイプのフードは、ネコが必要とする栄養素をすべて満たしている食事になります。毎日の主食として、このタイプのフードをメインにしましょう。

ドライフード

メリット
・ほとんどが総合栄養食です
・開封後も保存がききます

デメリット
・水分が不足がちになります
・長く保存すると風味が薄れます

ウエットフード

メリット
・嗜好性に優れ食べやすいです
・食事と同時に水分補給ができます

デメリット
・アゴが弱くなり、歯石がたまりやすくなります
・開封後は食べ切る必要があります

ネコにはネコの栄養学がある

ネコは本来完全肉食ですので必要な栄養素は、水、タンパク質、炭水化物、脂肪、ミネラル、ビタミンなどとなります。基本栄養素は変わりませんが、年齢によって必須アミノ酸などの必要量やバランスは違ってきます。おすすめは必要な栄養分のバランスが取れた「総合栄養食」というキャットフードです。ドライフードは総合栄養食となっていますが、缶詰などのウエットフードは表示の確認が必要になります。

また、生後間もない子ネコには専用のミルクや離乳食などが必要になってきます。

1日に必要な食事量

年齢	エネルギー
2カ月	約200kcal×体重kg
4カ月	約130kcal×体重kg
6カ月	約100kcal×体重kg
1才	約80kcal×体重kg
7才以上	約60kcal×体重kg
活動的なネコ	約85kcal×体重kg
非活動的なネコ	約70kcal×体重kg
妊娠中のネコ	約100kcal×体重kg

(表) 1日に必要なカロリー(あくまで目安です)

※正確な必要カロリーはP37(コツ17)を参照

子ネコへのフードの与え方(目安)

●生後4週間未満

子ネコ用ミルクを与えます。赤ちゃんネコは大変デリケートですので、与え方は必ず獣医師に相談しましょう。

基本的には、38度くらいの人肌に温めたミルクを子ネコ用の哺乳瓶に用意。子ネコの頭をひじの上に載せ、頭を少し上向きにしてあげましょう。

●生後5〜6週間

栄養価の高い子ネコ用のドライフード、もしくはウエットフードをお湯やネコ用ミルクで柔らかくして与えましょう。

●生後7週間以降

徐々に固めのフードに切り替えていく時期。歯の健康のためにドライフードをおすすめします。

ネコに必要な栄養素

水
新鮮な水を用意してあげてください。ドライフードを主食にしているネコには、特に水をたくさんあげましょう。

タンパク質
体の臓器や筋肉などの組織の基本的構成物質。特に重要な必須アミノ酸はアルギニンとタウリンです。

炭水化物
人ほど炭水化物が重要な栄養素ではありませんが、栄養バランスを整えるためには必要になります。

脂　肪
ネコのエネルギー源のほとんどを脂肪が担い、脂溶性ビタミンの吸収を助ける働きをします。

ミネラル
体内バランスの維持に必要で、神経や筋肉を活発にします。ミネラルとビタミンのバランスは重要です。

ビタミン
ネコはビタミンE、A、B1、B2、B6、Dなどを体内で合成できないので、食事で摂取する必要があります。

総合栄養食と一般食の違い

キャットフードのパッケージには「総合栄養食」・「一般食」と書いてあるので確認することができます。

総合栄養食は、ネコが必要とするタンパク質や脂質、ミネラル、ビタミン類などのすべての栄養素をバランスよく含んでいるフードのことです。あとは水を与えるだけでＯＫです。一般食は、それだけでは十分な栄養がとれないフードのことですが、人間の食事でいえば「おかず」のようなものです。もし、ネコに「おかず」タイプの食事ばかり与えれば、栄養が偏ってしまう恐れがあります。

なお、総合栄養食の栄養基準には、ペットフード公正取引協議会が権威あるアメリカのAAFCOの栄養基準を採用しています。

ほとんどのネコがムラ食い

ネコは狩りをして暮らしていた名残からムラ食いをします。食べなくなったからといって食事を変える必要はありません。飼い主としては心配で他の食べ物を与えてしまいがちです。ネコも人間も一緒で、いつもと違うおいしそうな食べ物が出てくると、お腹がいっぱいでも食べてしまいます。この繰り返しがネコの肥満を招いてしまいます。30分程度食事を置いても口を付ける様子がなく、体調に問題がなさそうでしたら食器を下げても大丈夫。無理に食べさせる必要はありません。

ネコはニオイで食べる

ネコは食べものを、おいしいかどうか、食べても安全かどうかをニオイで判断します。ニオイがしないものや、薄いものへは関心を示さないことがあります。

食べ残しを長時間置いたままにした場合、ニオイがしなくなれば食べません。毎日の食事はニオイが飛んでしまわない工夫が大事です。

反面、ニオイで食欲を増進させる方法もあります。夏バテや病気気味で食欲がない時は、ほんの少しネコ用ふりかけを混ぜた食事を与えたり、電子レンジなどで軽く温めてニオイを強くした食事を与えることで解消することができます。

人とネコの食事は別々に

人が食べるものを子ネコの時から与えないようにしていると、人の食事を食べたがることはないでしょう。

どんなにかわいくて慣れていても自分の食事を与えないことです。食卓に乗ろうとしている時は、大きな声で叱るなどびっくりさせてもかまいません。

人とネコは別々の食事、それがネコの健康を守ることにつながり、飼い主の快適な食生活を約束してくれます。

おやつの与えすぎはネコにとってNG!

ネコ自身では栄養のバランスを考えることができません。いつもと違う食べ物で、おいしいものでしたらいくらでも食べてしまいます。おやつでお腹を満たし、朝夕の食事が食べられなくなると、十分な栄養を摂ることができません。おやつは１日に与える**食事の量のほんの一部**に留めておきましょう。

キャットフードは同じものを与え続けても大丈夫

年齢によってキャットフードのタイプを変えることはありますが、**同じものを食べ続けて**体調が悪くなることはほとんどありません。ただしネコによっては、すぐに味に飽きてしまい別のものを要求するネコもいれば、同じものでも全く問題なく食べるネコもいます。味の変化で食欲が出るのであれば、**ローテーション**でキャットフードを変えてもよいでしょう。基本的にはキャットフードをこまめに変える必要はありません。

しかし気に入って食べているフードの発売中止や、リニューアルで味や配合が変わってしまうこともあります。また、病気にかかり療法食しか与えられなくなることもあります。キャットフードを切り替える場合は、なるべく同じメーカーのキャットフードを今まで食べていたキャットフードに少しずつ混ぜ、1週間程度便の様子を観察しながら移行していきましょう。

メーカーにより栄養素を研究し、それを必要量食べることで摂取できるよう設計しているので、違うメーカーのキャットフードを混ぜるのは極力避けた方がよいでしょう。

ドライフードの保存方法

大きな袋に入っているドライフードは開封後、そのままにしておくとどんどんニオイが飛んで行ってしまいます。開封後は密閉した袋や容器に1週間ほどで食べきる量に小分けして、冷凍しておくのがよいでしょう。ただしネコは冷たいものが苦手ですので、常温になってから与えましょう。

子ネコとの暮らし、スタート

コツ24

愛情いっぱいの手作りフード
特別な日のごちそうとして与えることがコツ

子ネコが新しいことにチャレンジした「ごほうび」などとして、
手作りフードを与えましょう。

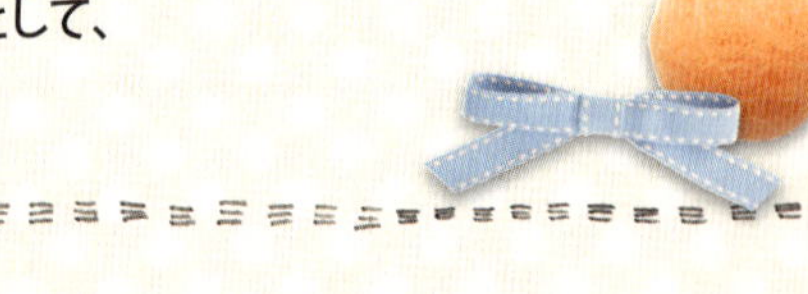

普段はキャットフード 特別に手作りフード

毎日、同じキャットフードを与えるのは、なんとなく手抜きをしているような感じで、たまには愛情をこめた手作りフードを食べさせたい、と思う飼い主は多いでしょう。

しかし、手作りフードでネコの栄養バランスを満たした「総合栄養食」を毎日のように作るのはとても大変です。ネコの健康な体を維持する栄養面のことを考えたら、やはり総合栄養食のキャットフードをメインにした方がよいでしょう。だから、何か**特別な日に手作りフード**を与えるのがおすすめです。

残ったフードは 冷蔵庫か冷凍庫へ

一度に何食分かの手作りフードを作った場合は、必ず**1回分に小分けして**、日付を入れて保存しましょう。冷蔵庫なら3～4日は大丈夫でしょう。それ以上の場合は冷凍庫へ入れておきましょう。変な臭いがするなど、鮮度に自信がない時は決してネコに与えないようにしましょう。

愛猫の好きな食材を 探ってみよう

手作りフードの利点は、市販のキャットフードに比較すると、何を食材に使っているかが明確に把握できる点にあります。可能であれば食事の好みが固まってくる成猫になる前に特別な日を設定して与えてみたいものです。

手作りフードを張り切って作ってはみたものの、子ネコに見向きもされないということもあります。今までのフードに少しずつプラスしてみて様子を見るというのも一つの方法です。徐々に肉や野菜、魚などを試してみて、自分の愛猫が好きな食材を探っていくのも楽しいものです。もちろんNG食材には十分注意しなくてはいけません。

調理途中のものを小分けにストックしておいても便利

必要な栄養素の取り入れ方

ネコは本来肉食獣ですから、まずどのような材料を使うのかが大切です。逆に、ネコの体の中で作ることのできない栄養素を取り入れてあげることもポイントです。ここでは手作りする上での基本的な知識を紹介しましょう。

●動物性タンパク質をメインに与える。

肉類（精肉＋内臓）の割合は、食材全体の50〜80%。鶏肉の使用をおすすめします。

肉・魚：穀類：野菜類＝7：1：2

※肉類の割合は **精肉：内臓＝5：1**

●必須アミノ酸である「タウリン」は絶対に必要！

タウリンは動物性タンパク質に多く含まれています。肉や魚を中心に与えれば大丈夫ですが、魚や魚油を使用する場合はビタミンEを添加してあげるとよいです。また、ビタミンEは鶏肉、牛肉、卵黄、小麦胚芽などに多く含まれます。

●必須脂肪酸はリノール酸・α-リノレン酸・アラキドン酸の3つ。

食事に含まれる脂肪は嗜好性や口あたりの良さに関係します。これらは皮膚や毛、腎機能、生殖機能に影響を与えます。リノール酸、α-リノレン酸は一部の食物油に含まれています。アラキドン酸は動物性タンパク質（豚レバーなど）に豊富に含有されています。

●ネコは炭水化物をそれほど必要としない。

食べさせていけないことはないですが、無理をして米やイモを食べさせる必要はありません。

●ビタミン類は基本食事での摂取が必要。

ネコは体内でビタミン類の生成ができないので、基本的には食事から取り入れることが大切になってきます。

ビタミンA／主にレバー（肝臓）に含まれています。鮮度にはとくに注意が必要です。

ビタミンB1／魚類（生魚、内臓も）、貝類、甲殻類（カニやエビなど）に含まれていますが必ず加熱して食べさせることが大切です。

※加熱によりビタミンB1は90%近く分解されてしまうことがあります。

ビタミンB3／鶏肉や魚（カツオやブリなど）に含まれています。

手作りフードを実際に作ろう!

実際に手作りフードを作るにあたり、基本的に**使える食材**の一覧と実際のレシピをご紹介します。これらを参考にオリジナルレシピにも挑戦してみましょう。

肉

体の臓器や筋肉などの組織の基本的構成物質で**エネルギー源**です。

●鶏肉(ムネ、モモ、ササミ、セセリなど)牛肉、豚肉、馬肉、ラム、兎肉、鹿肉、内臓肉(砂肝、鶏レバー、ハツなど)

内臓肉は必ず入れます。(肉の分量の1/5ぐらい)鶏肉はスーパーで売っている抗生物質を使わずに育てたというものを。豚肉はスーパーで売っているものでOKです。

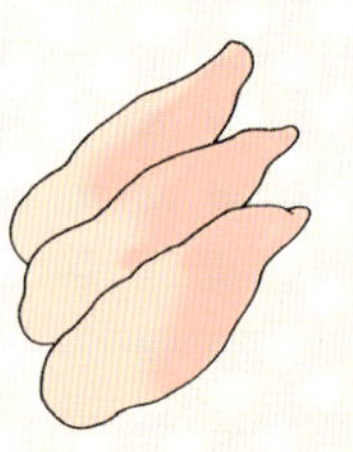

野菜

体内で合成できないビタミン類は、食事で摂る必要があります。

●淡色野菜—アスパラガス、さやいんげん、おくら、かぶ、グリーンピース、もやし、レタス、はくさい、キャベツ、ごぼう、セロリなど
●緑黄色野菜—パセリ、ブロッコリー、きょうな、ちんげんさい、かぼちゃ、にんじんなど
●いも—さつまいも、じゃがいもなど
●きのこ—しいたけ、しめじ、ひらたけ、エリンギ、まいたけなど
これらの中から5〜6種類。

スーパーで売ってるものです。冷凍野菜もよく使います。

穀類

人ほど重要ではありませんが栄養バランスを整えるためにも必要です。

●ごはん、ハトムギ
(ハトムギは粉状になったものを)

風味付け

ネコは食べられるものか、おいしいかどうかをニオイで判断します。

●煮干し、かつお節、まぐろ削り節

食いつきをよくするために少量入れます。ナトリウム補給も兼ねています。

ネコの食器

プラスティックは傷がつきやすく、そこに細菌やカビが繁殖するおそれがあります。また、プラスティックやステンレスにアレルギー反応を起こすネコもいますので、ネコの食器は陶器、ガラスがおすすめです。

ネコが喜ぶ手づくりレシピ

●材　料

【肉】
- ・鶏胸肉（皮つき）……200g
- ・ターキー胸肉（皮なし）またはササミ120g
- ・鶏レバー……10g

【野菜】
- ・キャベツ……120g
- ・かぼちゃ……60g
- ・にんじん……60g
- ・ブロッコリー……50g
- ・まいたけ……10g

【穀類】
- ・ごはん……50g

【風味付け】
- ・かつお節……0.5g
- ・煮干し……5g

【オイル】
- ・アラスカンサーモンオイル……3gぐらい
- ・白ごま油……3gぐらい

【サプリ】
- ・マルチビタミン・ミネラル……3g
- ・カルシウム……473mg
- ・亜鉛……6.75mg

●作り方

❶ターキー（ササミ）とサプリメント以外の食材を鍋に入れ、鍋の八分目ぐらいまで水を入れて火にかけます。

❷鍋の中の肉に火が通ったら火からおろして、カルシウムと亜鉛を加えます。バーミックスやミルサーでペースト状にします。

❹生肉を細かくきざみ、②のペーストと混ぜ合わせます。

❺マルチビタミン・ミネラル3gとオイルを混ぜて完成です。

なんちゃって手作り

手の凝ったメニューもいいですが、普段食べなれた良質のキャットフードをベースにして、手作りフードを少し加えて作ってあげるのもおすすめ。一定の栄養バランスが整えられているキャットフードがベースだから、初心者でも安心です。

ドライフードに鶏肉と野菜をゆでたものをトッピング

※ドライフードの量は少し減らすのを忘れずに。

子ネコとの暮らし、スタート

コツ25

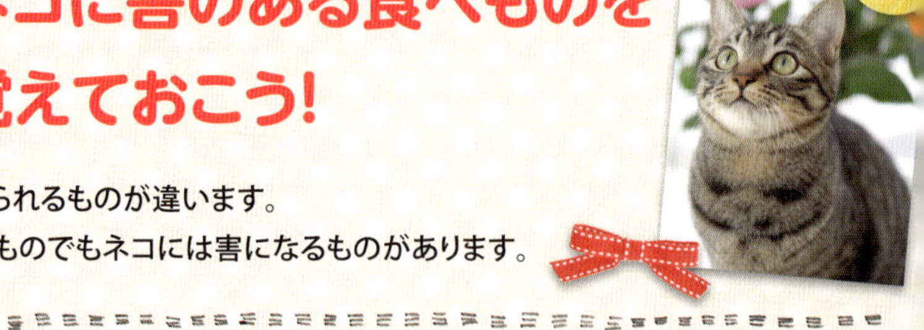

子ネコに与えてはいけないもの
ネコに害のある食べものを覚えておこう!

ネコと人間では、食べられるものが違います。
普段、人が食べているものでもネコには害になるものがあります。

ネコが食べると害となる食べもの

❶ネギ類

玉ネギ、長ネギ、にら、らっきょう、あさつき、にんにくなど。ネギ類に含まれる**アリルプロピルジスルフィド**という成分は、貧血の原因になります。この成分は**加熱しても壊れません。**重度のネギ中毒は死に至るので注意。

❷イカ・タコ

生のイカに含まれるチアミナーゼという酵素が、ビタミンB1を分解して**ビタミンB1欠乏症**を引き起こします。症状は嘔吐など。重症だと死亡することも。

❸生卵の白身

ビタミンの一種ビオチンを分解する成分が含まれ、皮膚炎・結膜炎に。卵自体は良質のタンパク質で、ネコの尿を酸性にするメチオニンも含まれています。**加熱調理**して食べさせましょう。

❹牛乳

牛乳の成分である乳糖を分解する**ラクターゼ**という酵素が子ネコには少なく、消化できず下痢になります。**ネコ用ミルク**をあげましょう。

❺生肉

加熱すれば問題ありません。生の場合は寄生虫の心配があるのでやめましょう。消化不良の原因にも。

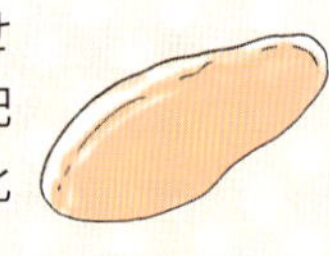

❻チョコレート・ココア

カカオマスに含まれるテオブロミンが**心臓・中枢神経を刺激**して、下痢や吐き気、けいれんを引き起こす可能性があります。

※これらは害となる食べものの一部です。

他に注意したい食べもの

次の3つには特に注意しましょう。

香辛料
ワサビ、カラシ、コショウなどの刺激物は、胃腸炎や内臓障害の原因に。

塩分の強いもの
塩鮭、干物、ラーメンなど。塩分のとり過ぎは、内臓の負担になります。食パンにバターを塗っただけで、子ネコには塩分過剰。

アルコール類
体の小さな子ネコには、わずかな量でも有害です。肝臓の働きがネコと人では違うので、面白がって飲ませてはいけません。

子ネコとの暮らし、スタート

コツ26

子ネコが草を食べる理由

ネコが草を食べるのは毛玉を吐き出すため!

肉食のネコが草を食べる理由は、毛づくろいと関係しています。

毛づくろいの時に毛も飲み込む

子ネコも大人のネコも、ネコはよく「ペロペロ」と舌で自分の体(毛)をなめています。ネコが体をなめ回す(毛づくろいをする)、確かな理由はわかっていないようです。食事のあとに体をなめるのは、汚れを落とし、清潔を保つためという見方もあります。体をなめることがストレスの発散になり、リラックスできるからという説もあります。

ネコは毛づくろいをした際に**毛を飲み込んでしまいます。**飲み込んだ毛は、体の中で毛玉になります。しょっちゅう毛づくろいをしているわけですから、相当の量になることが予測されます。草を食べるのは胃に刺激を与え、この毛玉を吐き出すためです。もし、外飼いのネコならば、草を食べることが毛玉を吐き出すのに役立つことを本能的に知っているのでしょう。

ネコ専用の草「ネコ草」を用意しよう

室内飼いのネコは、普段の暮らしの中で草を食べるチャンスがありません。**「ネコ草」**という商品が園芸店にありますので、これを用意してあげましょう。

特に長毛種のネコは毛玉ができる頻度が高くなるはずです。好きな時に「ネコ草」を食べられるようにしてあげましょう。

ネコが食べていい草ダメな草

子ネコのいる場所に観葉植物を含め、鉢植えを置く場合には、万が一ネコが口にしても**大丈夫なものか**を調べておきましょう。また、セージやタイムなど安全な草もありますが、あえて与える必要はありません。

・ユリ
・ツツジ
・ブルーベル
・スズラン
・アサガオ
・トリカブト
・フジ
・ヒイラギ
・イヌサフラン
・ジャスミン

※子ネコが食べてキケンな植物は他にも多数あります。

子ネコとの暮らし、スタート

コツ 27

トイレのしつけ方

子ネコが安心してトイレを使えるように最初に教えることがコツ

子ネコが自分のトイレに自然に行けるように
環境を整えながら、「しつけ」をしましょう。

トイレのしつけはトイレサインが決め手

子ネコをわが家に連れて来た時、排泄しそうな**最初のサイン**を見逃さないことが大切です。子ネコはトイレに行きたくなるとまず床の臭いをかぎながらうろうろし始め、床をひっかき始めます。これが子ネコのトイレサインです。このサインが出たら、素早くあわてずに子ネコをトイレに連れて行きましょう。あわてて大きな声を出したり、走り寄ったりすると子ネコはびっくりしてオシッコをしなくなります。**2～3回この作業を繰り返す**と、トイレのしつけは完了するはずです。この最初のしつけが最も肝心です。

●ネコのトイレサイン

❶床のにおいをかぎながら
ウロウロと歩き回ります

❷床をかきはじめます

❸オシッコをする態勢をとる

この時点でもトイレに入れても間に合います。ただしゆっくり、やさしく入れてあげましょう。

❹オシッコをする

オシッコをしてしまってもあわてずにトイレに入れてあげましょう。

①、②のサインがトイレサインではない時もあります。それでもトイレに連れて行きましょう。何回も繰り返せば、それがトイレサインの時もあります。その最初のしつけ（学習）が重要です。

トイレは見える所に置くのがベスト

トイレのしつけに成功したら徐々に見やすい位置にトイレをずらしましょう。健康管理の上からも**トイレは見える位置にする**のがよいでしょう。

ただし、あまり騒がしいところはおすすめできませんので、部屋の隅など子ネコの落ち着けるところを選んであげるとよいでしょう。

生活スタイルに合ったトイレ砂選びをしよう

トイレ砂はいろいろな素材のものがあります。どの素材の砂を選ぶかは、住んでいる環境（マンション・一軒家など）やいつも子ネコと一緒に居ることができるかなど、飼い主のライフスタイルに合わせて選びましょう。

また、子ネコにも好みのトイレ砂がありますので、いろいろなタイプのものを使ってみる必要もあります。

トイレ砂は大きく分類すると、燃やせるごみで出すものと燃やせないごみで出すもの。さらに濡れた部分が固まるもの、固まらないものと分かれます。同じタイプのものでも微妙な違いがあります。ゴミの収集日や住んでいる環境を考えて選びましょう。

種類	イメージ図	長所	短所
紙製		尿で固まり取り除きやすいです。可燃ごみやトイレに流すことができます。	軽いので飛び散りやすい、屋根付きのトイレ以外は使用がむずかしいでしょう。
ベントナイト製		脱臭・吸水性に優れています。固まらないタイプは洗って繰り返し使えます。	重いので持ち運びに不便。他の砂に比べて高値。
おから製		適度な重さで飛び散りません。可燃ごみやトイレに流すことができます。	特有のニオイを伴う時があり、また、食べてしまうネコもいます。
木材		大きい砂で飛び散らない。洗って再利用できるタイプもあります。	軽い素材のため飛び散りやすい。尿を吸うと粉末状になります。

トイレは複数用意しておこう

子ネコはトイレが汚れているとトイレに入りたがりません。その結果トイレ以外の所でウンチやオシッコをしてしまいます。常に飼い主が家にいてトイレを清潔に保てる場合は別ですが、1匹につき2つ以上のトイレを用意しておいた方がよいでしょう。たまに長時間留守にする時も同様です。

また、掃除の手間を考えても子ネコのオシッコやウンチを気にしながらの掃除は大変です。2つ以上用意するとラクに掃除ができます。

2匹以上のネコがいる場合は他のネコが使ったトイレを嫌うので、頭数以上のトイレが必要です。

トイレのタイプ

トイレにはいろいろなタイプがあります。子ネコが気に入りそうで、飼い主が扱いやすいものを選びましょう。

箱型

長方形の箱型で掃除がしやすいですが、砂が飛び散りやすいです。

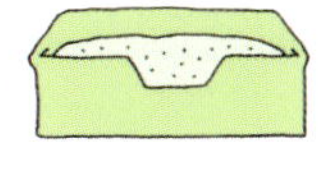

二層タイプ

トイレシートの上にすのこがあり、その上に砂を敷く二層式になっており、消臭力に優れています。

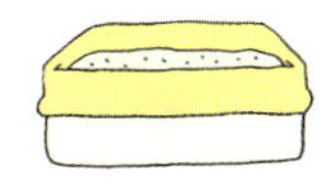

屋根付き

ネコが人目を気にせず落ち着いてトイレができ、砂も飛び散らない造りです。

トイレのしつけはあせらずにゆったりと構えよう

子ネコは精神的なストレスが原因でなかなかトイレを覚えることができないときがあります。

飼い主がカリカリしていると一緒に暮らしている子ネコもストレスがたまってきます。子ネコがトイレ以外の所でオシッコをしてしまった場合でも、あわてず騒がずが鉄則です。**「また、しちゃったの。困った子だけど、いいのよ」**というくらいの対応が大切です。

反対に怒るなど飼い主の態度が変わってしまうと、子ネコはびっくりするだけで、どうしていいのかわからなくなってしまいます。

なお、トイレがうまくいったら、必ず**「よくできたねえ」**と軽く頭をなでるなどしてほめてあげましょう。そして、きれい好きな子ネコのために速やかに排泄物を処理しましょう。

トイレのしつけがうまくいかない原因を見つけよう

トイレのしつけがうまくいかない。突然トイレでしなくなった。このような場合は**原因をひとつずつ究明**していきましょう。トイレが汚れている場合は速やかに掃除しましょう。また、そうでない場合はトイレ周りに変化がないか確認してください。トイレ砂を変更しなかったか?トイレの近くに最近新しいものを置いていないか?などをチェックしましょう。変化があると怖がって近寄れない子ネコもいます。

また、複数のネコを飼っている場合はほかのネコとの折り合いが悪くストレスがたまっていたりします。そんな時はほかのネコのトイレと少し離れた所にトイレを置いてあげましょう。

原因がどうしても分からないときは病気の時もありますので、動物病院で相談してみましょう。

ネコのトイレの掃除はとっても重要

ネコは汚れたトイレを嫌います。また、ニオイをおさえるためにも**こまめな掃除**をしましょう。

❶ネコが排泄し終わったらその個所の砂を取り除きます。

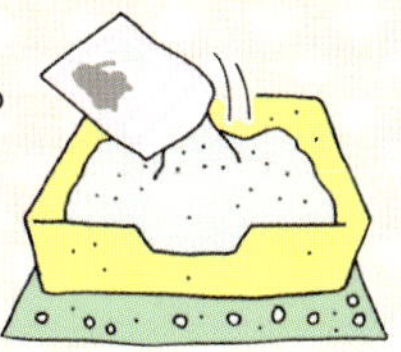

❷取り除いた砂のところへ新しい砂を入れ、他の砂となじむように整えます。

❸トイレの周囲に飛び散った砂を掃除します。週に1回以上はトイレ容器も洗いましょう。

トイレの前後にネコが走り回る理由

ネコは突然家じゅうを走り始めたかと思うと、トイレに入って用を足し、その後も家の中を走り回ります。これは**ネコの本能**で、いちばん安心できるなわばりの中心から離れたところで用を足していた、いわば野生時代の名残り。危険な場所でのトイレはかなりの覚悟とエネルギーが必要だったのでしょう。自分をふるい立たせるための準備と、用を足した後に収まりがつかないエネルギーの解消のため、走り回るのです。

ネコはトイレの後ににおいを消す努力をする

待ち伏せをして狩りをしていたネコは、自分の排泄物の**ニオイを消す努力**をします。トイレ砂を前足で少し掘り、ニオイをかいで安全を確かめ、用を足します。そのあとは前足で砂をかき寄せて埋めます。最後にニオイをかいで確認します。まだニオイが残っているとさらに砂をかけます。

子ネコとの暮らし、スタート

コツ 28

ツメとぎは本能的な行動

ツメとぎ器を覚えてもらうには工夫をこらし教えることがコツ

本能的にツメとぎをしてしまうネコには
ツメとぎ器を使ってもらう飼い主の工夫が必要です。

ツメとぎの行動はツメを切ってもやめられない

ネコにとってツメとぎは**狩りをするための本能**。獲物の急所に正確にキバを当てるために、鋭いツメでがっちりと獲物をおさえる必要があります。また木に登るときにも鋭いツメが必要になります。

ツメとぎは常に鋭いツメを保っておくために必要な行動なのです。だから、ツメを切っておいても、叱っても決してツメとぎをやめることはありません。

飼い主はツメとぎしてもいいところ（ツメとぎ器）で行動してもらうようにしつけていくしか方法がないのです。

ツメとぎは古いツメをはがすためにしている

ネコのツメは、ツメの上にツメがかぶさってできています。一番外側のツメが古いツメになります。その内側に新しいツメがあり、さらにその内側にできかけのツメもあります。ツメとぎではこの**古いツメをはがす作業**をしているのです。ツメをといでいる場所の近くには、はがれ落ちた古いツメが落ちています。

なお、獲物をおさえこむためには鋭いツメが必要となるため、ネコのツメとぎは前足しかしません。後ろ足はツメとぎしませんがツメははがれ落ちます。

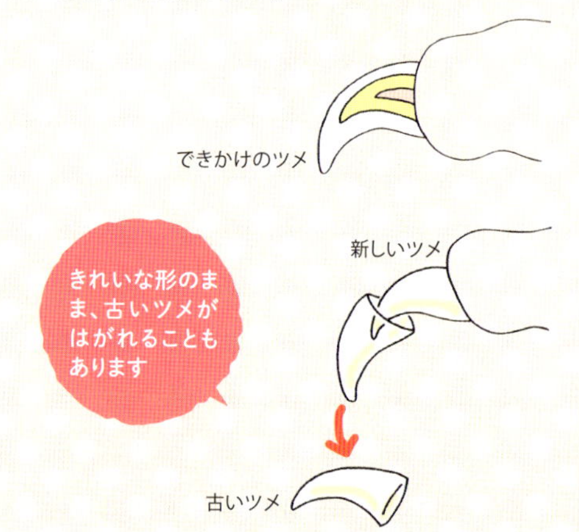

ネコが好むツメとぎ器を使おう

ツメとぎ器にはいろいろな種類のものがあります。第1のポイントは**「家の中にあるどんな物よりもツメのとぎ心地がよい」**ことです。材質は段ボール、麻製、木製、カーペット製などがあります。どれがよいかというよりは、どれがネコにとって使い心地がよいかを見つけることが大事です。また古くなったツメとぎ器は気持ちよくないため使いたがらないものです。新しいものに変える手間は惜しまないようにしましょう。家具や壁にツメとぎをされると楽しいネコとの生活も台無しになってしまうので、選ぶ努力は惜しまないようにしましょう。

●カーペット製

かわいいデザインがあり、家具などに合わせやすいです。

●木製

木のぼり感覚が味わえ、とぎカスが出にくいです。持ち運びは不便。

●段ボール製

ネコにとっては使いやすいタイプですが、段ボールがボロボロになり散らかります。

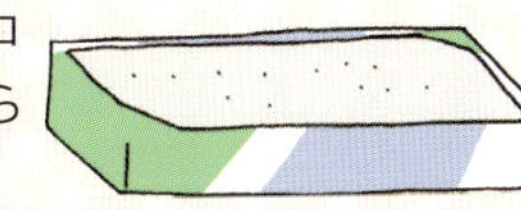

●麻製

とぎカスが出にくく、比較的安価です。

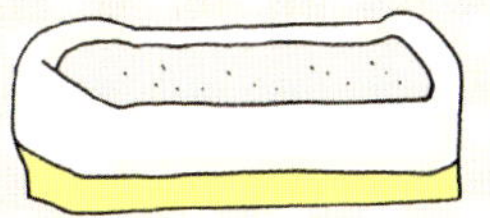

いろいろな工夫をしてツメとぎ場所を覚えてもらおう

ツメとぎは本来立ち木にしていたことを考えて、壁やタンスにツメとぎ器を立てかけるようにしたり、ツメとぎ器にマタタビなど好物をふりかけて、興味を持たせるなどいろいろな工夫が必要になります。

また、ツメとぎを始めたら、ツメとぎ器の所へ連れて行って、**うまくできたらほめてあげる**など、長い目で見守ってあげましょう

コツ 29

ツメのお手入れ

無理に押さえつけたりせず、落ち着かせてカットするのがコツ

長いツメは人や物を傷つける原因に。
事故を未然に防ぐため、月1～2回を目安に定期的にツメ切りをしましょう。

ネコの安全のためにもツメのお手入れは必須！

ネコのツメとぎは習性ですが、そのままにしておくと、伸びすぎて人を傷つけたり、肉球が化膿する場合があります。また、カーテンなどにツメが引っかかり、大ケガをしてしまうことも。飼い主が定期的にツメのお手入れをしてあげることがとても大切です。ただし、1つ注意したいのは、**無理矢理押さえつけたりしないこと**。また、深ヅメも禁物。ツメがないことで、ネコは大きなストレスを感じてしまいます。「ツメ切りは痛い、怖い！」と思わせないよう、ツメ切りをしている時には飼い主がほめてあげることも大切です。

ツメ切りへの抵抗感をなくそう

生後9週までの社会化期までに、ツメ切りへの抵抗感をなくさせるようにしたいものです。また、赤ちゃんネコを飼う場合は、生後2週間からはツメを切っても大丈夫です。生後3週間くらいからは、ツメの出し入れができるようになってきます。

ごほうびをあげてスムーズなツメ切りをしよう

ツメ切りについては、子ネコも飼い主も慣れないうちは動物病院にお願いするのも一つの方法です。スムーズに切ってもらえることで子ネコも抵抗感がなくなり、飼い主もツメの切り方を学ぶことができます。ツメを切った後はすぐに、好きな食べ物をごほうびとしてあげることも効果的です。ツメを切るといいことがあると覚えさせることで、スムーズなツメ切りが可能になるかもしれません。

TRY!

ネコのツメを切ってみよう!

用意するもの ●布ペット専用のツメ切り
（人間用はネコのツメを傷つけたり、深ヅメの原因になるのでNG）
●止血剤

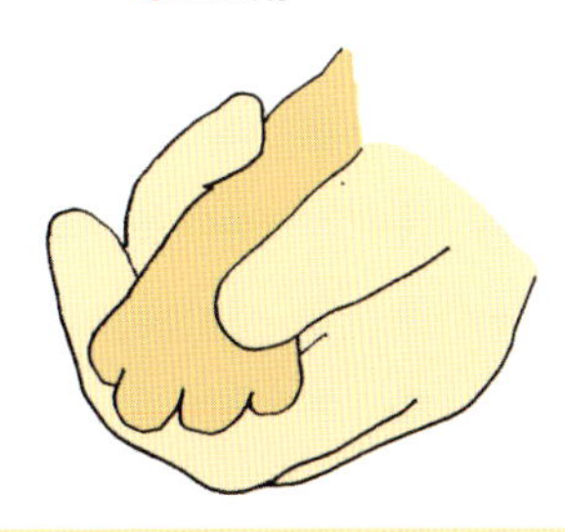

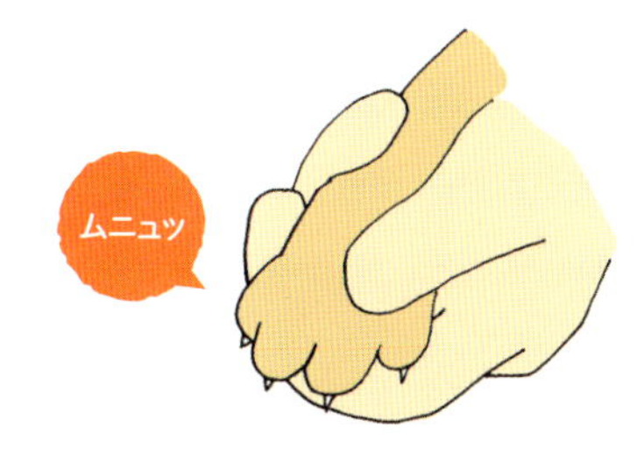

1 子ネコを抱っこして、リラックスしたところで指の付け根と肉球にやさしく手を添えます。

2 指の付け根と肉球に添えた指を軽く押し、ツメを出します。

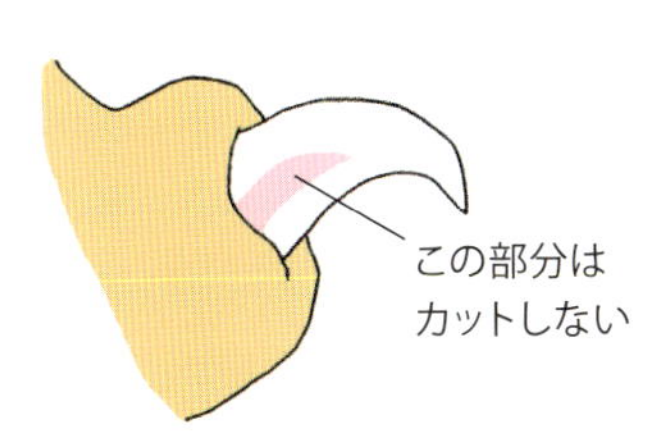

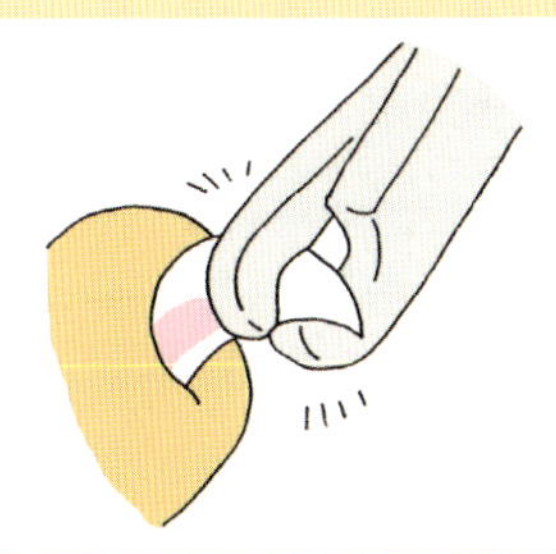

3 押し出されたツメは白い部分と血管と神経が通ったピンクの部分の2色に分かれています。

4 ピンクの部分を傷つけないように、先端の白く透けているとがった部分だけカット。

Point! 最初から思い切り切るのは深ヅメの原因に。少し余裕を持った長さでカットして。

5 もしも、深ヅメしてしまった場合は、市販のネコ用止血剤を付けましょう。

子ネコとの暮らし、スタート

コツ 30

歯のお手入れ

子ネコのうちはガーゼでのケアから それが歯周病予防への第一歩

ネコは口を触られることをとても嫌がります。
無理に歯ブラシを使わず、ガーゼでのケアから始めましょう。

歯周病の予防は定期的なケアが大切

最近では、ネコの歯周病が増えています。3歳以上のネコの約8割がすでに歯周病になっているともいわれ、ひどくなると歯根や周りの骨が溶け、食べることが非常に困難になってきます。歯周病は一度かかると治療時間も治療費もかかり、ネコにとってもまた、飼い主にとっても、非常にストレスになります。

予防・改善には、日ごろからこまめに歯を磨くことが大切です。ネコは虫歯にはなりません。ネコの歯みがきには、歯についた食べかすが歯垢になるのを防ぐのが目的です。また、食事も重要で、ネコは缶詰などのウエットフードを食べることが多いため、歯石がたまりやすく、ドライフードに切り替えるなど工夫をして、歯石を予防しましょう。

歯周病のチェックシート

1つでも当てはまる場合は動物病院で診てもらいましょう。

- 歯が茶色っぽい
- 歯ぐきが赤い
- 口臭がある
- 食事の後、口を気にする

人間もネコも歯周病には気をつけよう!

積極的な歯みがきを心掛ける

子ネコは生後4カ月ごろから乳歯が永久歯に生えかわります。乳歯のときから歯みがきに慣れるよう積極的に歯みがきをするようにしたいものです。子ネコも飼い主も不馴れなうちは、歯ブラシよりも人差し指に薄くガーゼを巻き付けて歯をこする方法がやりやすいかもしれません。

TRY!

①ガーゼによるケア

用意するもの

- 清潔なガーゼ

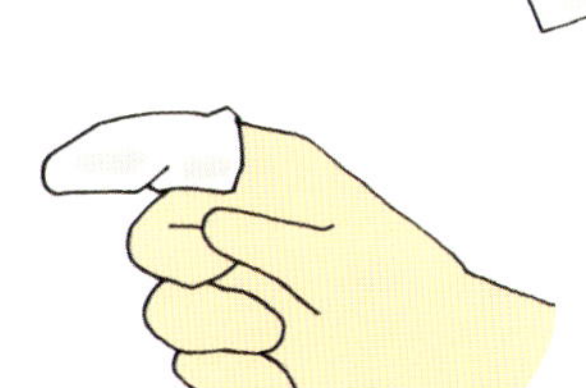

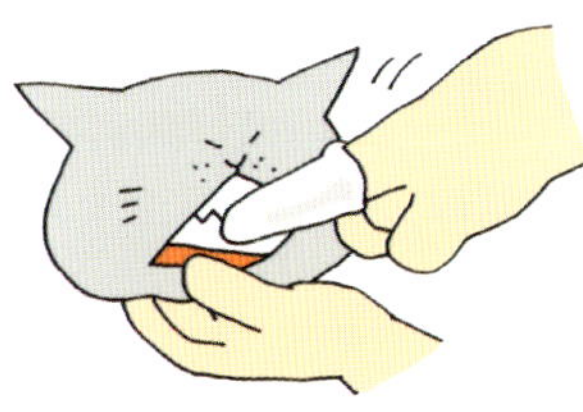

1. あらかじめツメは短く切りそろえておきます。手をよく洗い人さし指にガーゼを巻き付けます。
2. 左手でアゴに手を添え、下唇をやさしくめくります。力を入れるとネコが嫌がるので注意しましょう。
3. ガーゼを巻いた指を口の中に入れ、歯の付け根部分を中心に、汚れをこするようにふき取ります。

②歯ミガキによるケア

用意するもの

- ネコ専用歯ブラシ
- ネコ専用歯ミガキ粉

Point!

ネコ向けにつくられた歯みがきペーストは、主に動物病院で購入可能。ネコ向けに味が調整されているのでネコも嫌がりません。

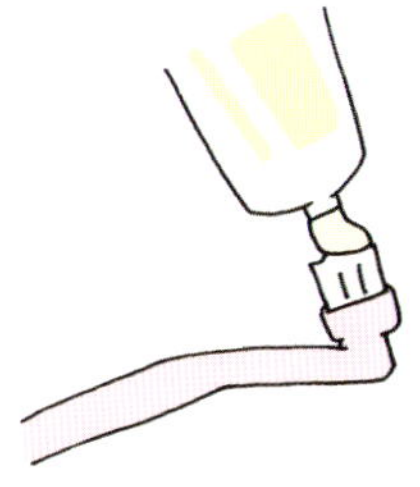

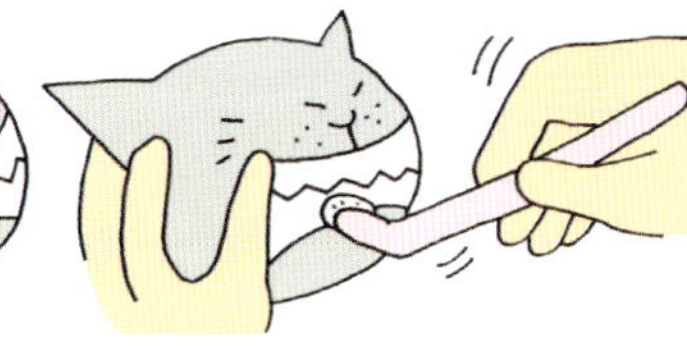

1. 歯ミガキ粉を歯ブラシに1cmほどつけます。
2. ネコの頭部を押さえながら、親指で唇をめくり、歯茎から歯の先端へブラッシング、奥歯から前歯へと順番にブラッシングします。
3. 片手で歯ブラシを持ち、歯と歯の間、歯と歯茎の間にカスを取りのぞくよう、ていねいに磨きましょう。

子ネコとの暮らし、スタート

コツ 31

目のお手入れ

涙やけや病気を防ぐために、こまめに手入れすることがコツ

定期的な目の周りのお手入れが、子ネコの健康チェックにもつながります。

病気予防のために定期的なケアが大事

ネコは体調が悪くなると目やにが出てきます。目やにが乾燥した色の濃いものであれば病変ではないと思われますが、透明の水のようなもの、乳白色〜黄色がかった粘着性のものだと、風邪などの細菌感染が疑われます。

目やにを放置すると、涙やけで毛の色が変色してしまいます。また、その部分は細菌が溜まりやすいので、気づいたら、こまめにカット綿などでやさしく拭いてあげましょう。ひどくこびりついている場合はカット綿に専用液をしみ込ませて拭き取りましょう。

TRY!

目のお手入れにチャレンジ!

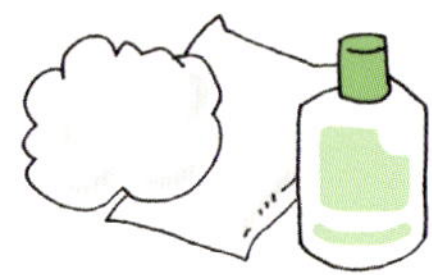

用意するもの

- 脱脂綿またはコットン
- 専用の消毒液

Point!

飼い主の膝の上で完全にリラックスした状態で行いましょう。

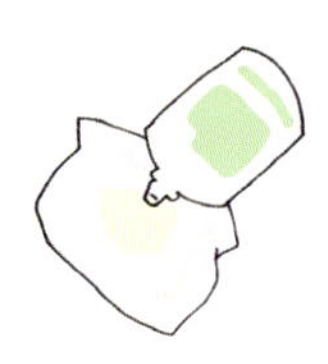

1. 手を薬用せっけんなどでよく洗い脱脂綿またはコットンに水道水か専用液をしみこませます。
2. ネコの頭を後ろから押さえ、目頭から目じりにかけてやさしく拭き取ります。
3. 目頭からあふれた専用液を拭き取ってあげます。こびりついた汚れも落としてあげましょう。

コツ 32

耳のお手入れ

2週間に1度を目安に耳の汚れをチェックすることがコツ

ネコの耳は健康のバロメータ。黒くて粘着質の耳あかは、何らかの病気を発症している可能性があります。

病気予防のために定期的なケアが大事

スコティッシュフォールドなど耳が折れているネコは、通気性が悪く耳の病気に悩まされる場合が多いです。主な症状には耳ダニや外耳炎、内耳炎などがあげられます。**耳を気にする、異常に痒がる、頭を振るなどの様子**を見せた場合は要注意！定期的に耳の中をチェックし、黒い汚れが付いていたり、傷が付いている、化膿している場合は、すぐに病院へ。また、お手入れの際は綿棒ではなく、脱脂綿やコットンを使用しましょう。ネコの耳の形は特殊なので、綿棒を使うと傷をつけてしまう可能性があります。

TRY!

耳のお手入れをしてみよう！

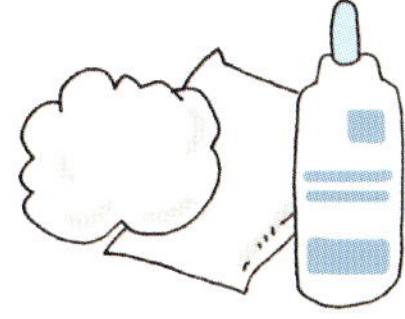

用意するもの
- 脱脂綿またはコットン
- 耳の洗浄液

Point!

飼い主の膝の上で完全にリラックスした状態で行いましょう。

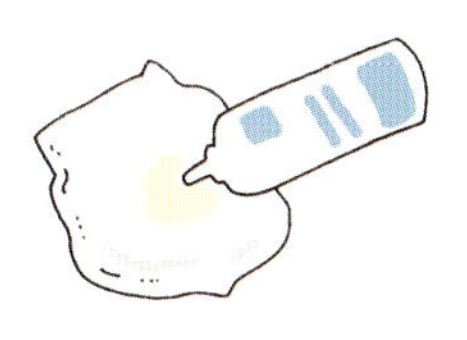

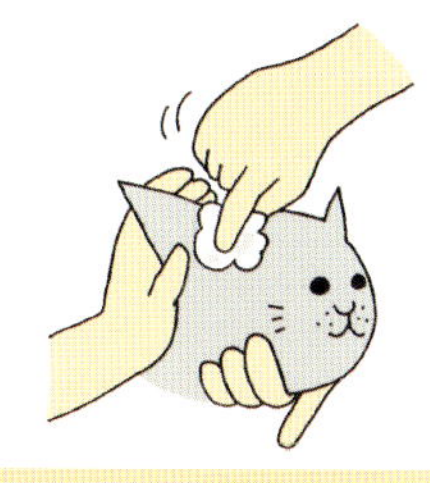

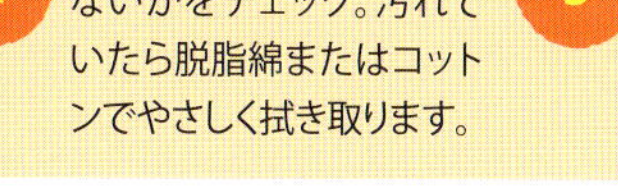

1. 脱脂綿またはコットンに洗浄液をしみこませます。洗浄液が無い場合はぬるま湯で代用しましょう。
2. やさしく耳をめくり、汚れがないかをチェック。汚れていたら脱脂綿またはコットンでやさしく拭き取ります。
3. 耳の奥に入れすぎないように内側をきれいに拭き取ります。綿棒は危険なのでやめましょう。

子ネコとの暮らし、スタート

コツ 33

子ネコのノミ対策

ノミの習性を知り こまめに駆除することがコツ

ノミにかまれると非常にかゆくなるだけでなく、
ノミを媒介して感染症にかかる危険性があります。

ネコにノミがいるか チェックしてみよう

ネコにとっては昔から、ネズミより縁の深い生物が「ノミ」です。毛づくろいの途中にネコ自身の体を噛みだしたら、ノミがいると考えていいでしょう。すぐに指先で毛をかきわけて探索すると、あわてふためいて逃げていく**「ノミ」がいるはず**です。

また、ノミ取り用のクシでブラッシングして「ノミ」がいるかを確認します。「ノミ」が見つからなくても黒い小さな粒が見つかったら、ティッシュペーパーにとって水を垂らして見ましょう。赤黒いしみがにじんできたら、ネコの血を吸った「ノミ」のフンです。ノミがいる証拠です。

ノミの繁殖は夏がピークだが、今は1年中活動している

ノミの繁殖期は、夏をピークに春から秋にかけて。気温の低い冬期はノミも少なくなりますが、近年は室内暖房機器の普及で、**ほとんど年中活動する**ようになってきました。ノミは毎日血を吸い、何十、何百もの卵をネコの体に生みつけます。その卵はネコの動きに合わせてカーペットの中やふとんの中、家具の裏など部屋中にまき散らされ、数日でう化して幼虫になります。幼虫は周辺のゴミや成虫のフンを食べて成長し、サナギに、そして成虫に変態したノミは、近くを通るネコにさっと飛びつきます。この後、親と同様に彼らの血を吸い、たくさんの卵を生むという、生の循環を繰り返します。

ノミに取りつかれた**ネコは、患部をかき、噛み**、そしてノミアレルギー性皮膚炎になりかねません。なかには、大量のノミに血を吸われ続け、貧血症状になることもあります。皮膚炎にかかりやすいのは、尻尾の根元から背線上に沿った背中の部分、あるいは内股のあたりや首筋、のど元などです。いずれもノミの巣くつになりやすいところです。

ノミ対策の基本は掃除とシャンプー

ノミ対策の基本は部屋の掃除です。ノミの活動が活発になる梅雨時期の前に、ノミ対策の掃除をしましょう。

●床の掃除

床の掃除機がけはノミの卵とサナギに有効です。部屋の隅々をまんべんなく何度も掃除機がけしましょう。特にカーペットはノミの巣くつになりやすいので要注意。先にカーペットをブラシがけしたり、粉末のカーペット用洗剤を使い掃除機をかけましょう。ネコのよくいる場所は重点的にしましょう。

●家具の掃除

ソファなどは縫い目やすき間を重点的に掃除機をかけましょう。そのほかネコがよくまとわりつくカーテンなども掃除機をかけましょう。

●寝具の洗濯

布団や毛布などは掃除機がけと天日干しをしましょう。シーツやまくらカバーなどはこまめな洗濯が必要です。ネコの寝具も洗濯や天日干しをしましょう。

●掃除機にもひと工夫を

掃除機で吸い取ったゴミは殺虫剤をかけて捨てるとよいでしょう。また、ごみパックもノミ対策用のものや、あらかじめノミ取り用の粉を吸ってから掃除機を使うなどの工夫で、効果を増します。

●ノミの予防対策

ネコへのノミ予防策としては、ノミ取り粉をかけながらのブラッシングやノミ取り首輪を使うのも手段の１つです。

そのほかに直接ネコにつけるスポイトタイプのノミ駆除剤があります。ノミの駆除・予防にはこちらのタイプがおすすめです。

●スポイトタイプ

ネコの皮脂腺や表皮に広がっていくタイプで投滴後半日から１日で効果が表れ、約１カ月持続します。

子ネコとの暮らし、スタート

コツ 34

正しいグルーミングの仕方

子ネコも飼い主も気持ちよくなれることがコツ

ネコがグルーミングできないところは
飼い主がグルーミングしてスキンシップを図ろう。

グルーミングは子ネコのうちから始めよう

ネコの舌がザラザラしているのを知っていますか。これはグルーミングしやすいようにザラザラになっているようです。

子ネコは普通、母ネコになめてもらいグルーミングしてもらいます。飼い主は母ネコの代わりですから、**子ネコへのグルーミングは大切**になります。グルーミングをすれば、血行がよくなりリラックスできるようになります。

また毛の長いネコは毛玉防止などのためにも飼い主のグルーミングが必須となります。

短毛のネコ

毛の流れに沿ってブラッシングしよう

ブラッシングは**毛並みの美しさを保つ**だけでなく、血行の促進などマッサージ効果もあります。ネコが気持よくなるように毛の流れに沿ってのブラッシングが基本になります。

また、短毛のネコと長毛のネコではブラッシングの仕方にも違いがあります。特に長毛のネコは、自分だけでは体全体の毛の手入れが行き届かないので、飼い主が定期的にブラッシングしてあげなければなりません。

●短毛のネコの場合

ラバーブラシなどでマッサージを兼ねたブラッシングがよいでしょう。**毛が飛び散らないように**固く絞ったぬれタオルで全身を拭いた後に毛の流れに沿ってブラッシングします。最後にぬれタオルでもう一度拭き取り、ドライヤーで乾かしましょう。

●長毛のネコの場合

長毛の場合はコーミング（クシでとかすこと）の後ブラッシングで仕上げとなります。毛玉防止のためにも**最低１日１回**は行いましょう。毛玉は無理に引っ張ると痛がりますので、やさしくていねいにほぐしましょう。また、霧吹きで水をかけてから行うと毛が飛び散らないでできます。コーミング、ブラッシングの手順は次の通りです。

長毛のネコ

❶顔を軽く持ち上げて、**頭から胸**にかけてクシでとかします。

❷ネコを後ろから抑えて、**耳の後ろから首筋、背中**とクシでとかします。ネコが自分で届かない場所なので念入りにとかしましょう。

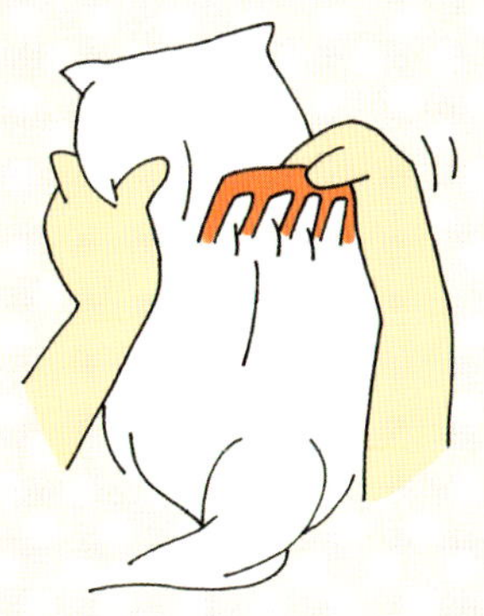

❸ネコを仰向けにするか、後ろ脚で立たせて**お腹周りをコーミング**します。毛並みに沿って中央からわき腹方向へとかします。毛玉に注意しながら、やさしくていねいにしましょう。

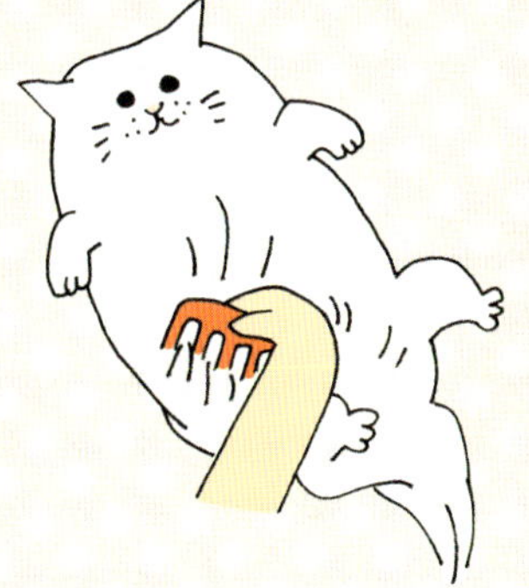

❹**足は付け根から足先**へ毛並みに沿ってとかし、シッポは少しずつ束にして根元から先端へとかします。

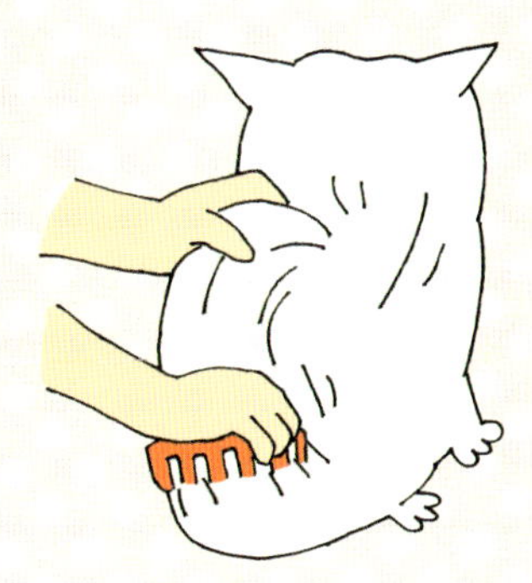

❺ 毛玉があった場合は、指先でもんで少しずつほぐしてからとかします。どうしてもほぐれない場合は毛に沿ってはさみを入れるか、毛玉ごと切り落としましょう。決して強引にとかさないように。

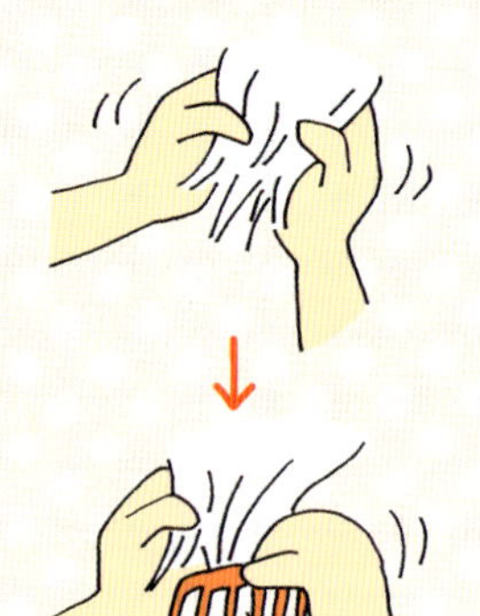

❻コーミングが終わったらブラシで全体をとかします。毛並みに沿ってふっくらと仕上げましょう。毛並みを整えるスプレーなども活用するとよいでしょう。

ブラッシングに必要な道具

猫のブラッシングの道具には、いくつかのタイプがあります。被毛のタイプやペットの好みに合ったものを選んで使い分けましょう。

ラバーブラシ
ゴム製で、浮いた抜け毛を絡めとります。
皮膚のマッサージ効果もあり、短毛種向き。

ピンブラシ
毛先が丸く、針金が太いので、被毛や皮膚を傷つけません。長毛種も短毛種もOK。

獣毛ブラシ
毛づやをよくする効果があります。
短毛種向き。

スリッカーブラシ
抜け毛やもつれ毛を効果的に取り除く。力の入れすぎに注意。

コーム
金属製のクシ。粗目と細目の両方を備えたタイプが便利。

子ネコをなでるだけでグルーミングになる

触られることを嫌う子ネコでも、首の後ろやあごの下を軽くかいてあげることは拒まない場合が多いです。また、**顔の部分**は子ネコの時に母ネコになめられている部位ですので、拒むことはないでしょう。

飼いネコの場合、飼い主が母ネコの代わりですから、**母ネコがなめてあげている**と思わせるようにやさしくなでてあげれば、子ネコはとても気持ちがよく、リラックスできるのです。

人と触れ合う飼いネコの場合は、子ネコが気持ちよくなる部位からどんどん広げていって、慣れさせる方法がよいでしょう。

子ネコをなでると飼い主もリラックス

子ネコをなでていると、手から柔らかい感触が伝わり、飼い主も気持ちがいいと感じるでしょう。実際に子ネコをなでていると、その人の血圧や脈拍が下がり、リラックス状態になります。かわいいと思い、スキンシップを行うと、リラクゼーション効果があるのです。

病院や老人施設などで、小動物を使った心のカウンセリングを行う取り組みがあるように、スキンシップはなでられているネコが気持よくなるだけでなく、飼い主にとってもリラックス効果を期待できる作業なのです。

子ネコとの暮らし、スタート

コツ 35

マッサージについて

人間と同じように気持ちいいツボがネコの健康チェックにも効果的

スキンシップを高め、大切な子ネコの健康チェックにもなるマッサージ。
子ネコと遊びながら、コミュニケーションの一環としてやってみましょう。

マッサージでスキンシップを高める

ネコの健康をチェックする意味でもマッサージは有効的です。関節などの骨格のチェックや、肉球に異常があった場合はいち早く確認することができます。

ネコにも人間と一緒で**気持ちのいいツボ**があります。頭や肩、足の裏など、ほぼ人間と同じような場所が気持ちいいところです。親指や人さし指の腹でマッサージして、気持ちよさそうにしていたら、そこがツボです。

また、ネコが**自分でかいたり、なめたりできないところ**を軽くかいてあげると、ネコは気持ちよくなります。たとえば、ひざの裏などを軽くかいてあげると、ネコが足を伸ばしてかきやすい体勢を取ってきます。気持ちいい証拠ですね。

さらにお腹のマッサージは腸の流れに沿って、手のひらで「の」の字を書くように行うと、気持ちよさそうに後ろ足をだらりとさせてきます。便秘症のネコには効果的です。

ネコが気持ちよくなるマッサージ

●眉間を鼻の上から頭の上の方へ押し上げるようにマッサージします。

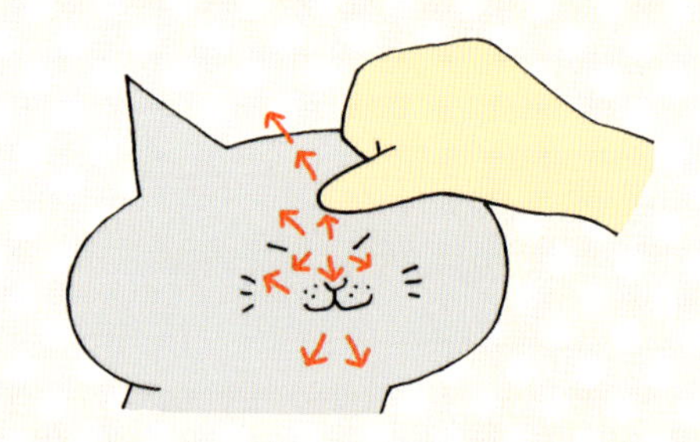

●ひざの上にのせてネコの下腹部を手のひらで「の」の字を書くようにマッサージします。

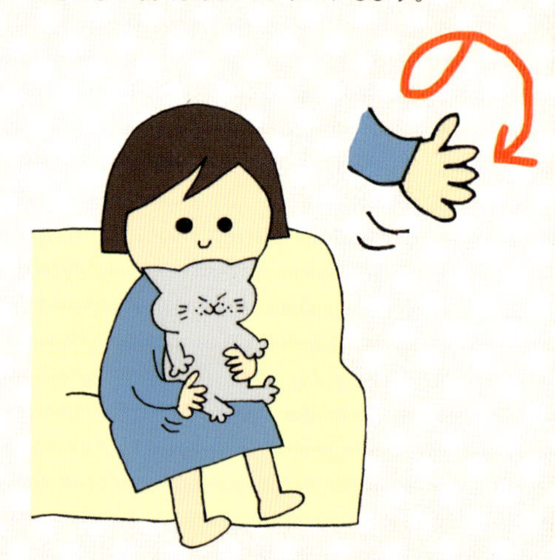

●足先をもむようにマッサージします。

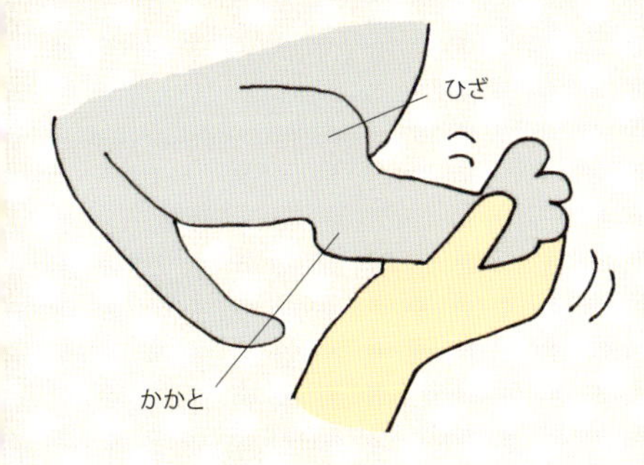

●肩甲骨に沿って押しながらマッサージします。

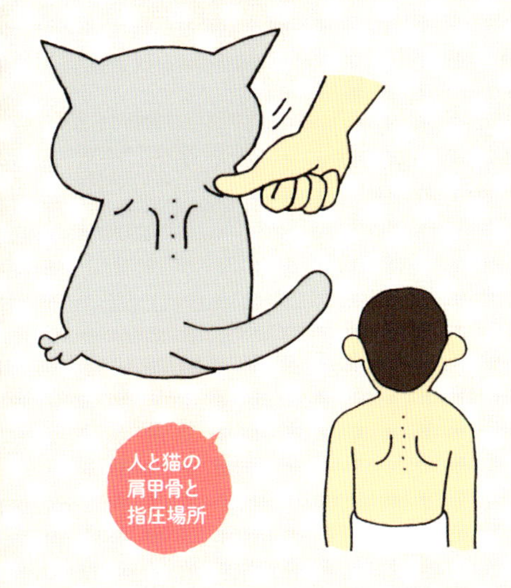

肉球に触るとツメ切りがスムーズに

マッサージの一環で肉球に触ってみましょう。そっとプッシュしツメを出す練習をすると、ツメ切りをスムーズに進められます。後ろ足にある大きな肉球の後方にあるツボは免役力をアップさせせるのに効果的です。左右各5から7秒程度、力の入れすぎに注意しながら軽く押してみよう。できれば2から3セットやってみよう。

コツ 36

シャンプーの仕方

ネコは水嫌い、手際よいシャンプーがコツ

ネコは体をなめてきれいにしますが、
ひどい汚れや、長毛のネコはシャンプーが必要です。

長毛のネコはシャンプーも必要

短毛のネコはひどく汚れたりしない限りシャンプーは必要ありません。ぬれタオルで拭き取る程度で大丈夫です。しかし長毛のネコは、産前産後や生後１カ月未満でなければ月に１回程度のシャンプーをおすすめします。ネコの体調が悪い場合や、時間がない時はドライシャンプーを活用してもよいでしょう。ただ基本的にネコは水を嫌うので、素早く、そして手際よくシャンプーすることがコツです。

また、普段使うシャンプーは低アレルギーシャンプーがおすすめです。間違ってシャンプーをなめても大丈夫なものを使いましょう。

●シャンプーの手順

❶ネコがゆったりと入る大きさの桶を用意します。10cm位のぬるま湯をはり、前足を持ってそっと入れます。

❷首、背中、シッポとシャンプーを付け、お湯をかけながら泡立てます。顔にはシャンプーをつけないように。また、耳や目に水が入らないようにしましょう。

❸手のひらを使って上から下へ押さえるようにして洗いましょう。こすって洗うと毛が絡まってしまいます。すすぎは桶の水を何度も入れ替えて、洗う時同様にネコの毛を押しながらすすいでいきます。

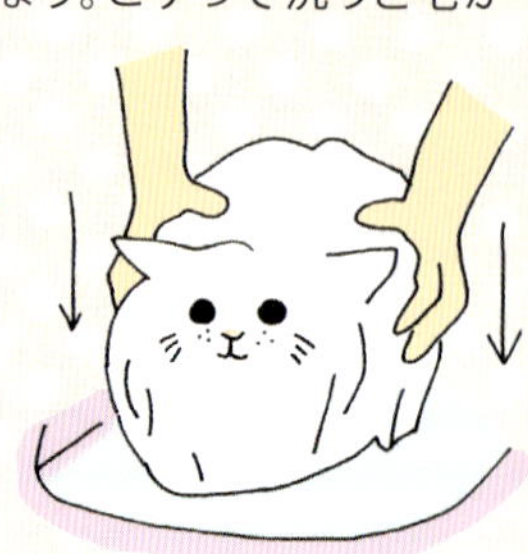

❹きれいなぬるま湯にガーゼを入れて絞り、顔と頭を拭いていきます。目やになどこびりついた汚れはガーゼをしばらく当ててふやかしてから拭き取りましょう。

❺桶に新しいお湯をはり**リンス液をとかし**、シャンプーの時と同じ要領でリンスをします。リンスインシャンプーであればこの作業は不要です。

❻体についた水は、乾いた**タオルを押しあてるように**して吸い取りましょう。タオルでこすって拭くと毛が絡まります。タオルは数枚用意しておきましょう。

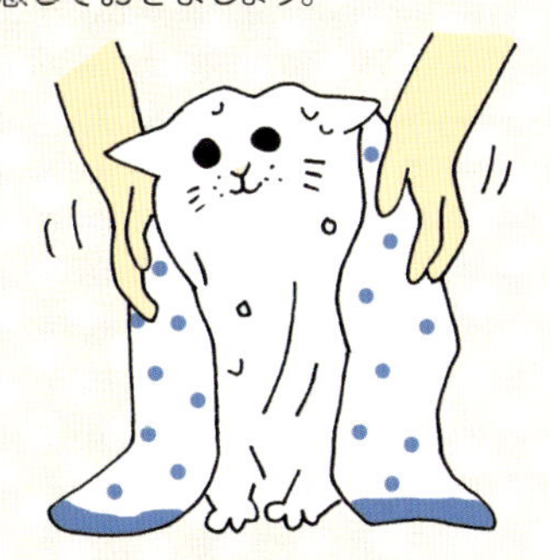

❼水気がとれたら**ドライヤー**で乾かします。直接目に当てたり長時間同じ場所に熱風を当てないように気をつけましょう。毛の根元から風を当てるようにし、乾きにくい場所は念入りに。ある程度乾いたら毛先をクシでとかしながら完全に乾かします。

❽仕上げは**グルーミングパウダー**をふりかけブラッシングします。シャンプーはネコにとってかなりの体力を使うので、終わった後は温かい部屋でゆっくり休ませましょう。

※シャワーを使う場合は水量を押さえて、あくまでもやさしく水がかかるようにしましょう。耳の中に水が入らないように頭にシャワーを当てないようにします。

ネコはフケが多いことを覚えておきましょう

フケが多いネコは珍しくはありません。**古い皮膚細胞がフケ**ですが、これを抑える脂肪酸をうまく体内で生成できないのが理由です。

脂肪酸は亜鉛やビタミンAなどのビタミン類から生成されるので、これらを含む補助食品などを与えるとフケを抑えることができます。

ただし、あまりひどくフケが出る場合や、皮膚が炎症を起こしている場合は獣医さんにみてもらいましょう。

子ネコとの暮らし、スタート

コツ 37

ネコのしつけ方とは

安全を好むネコの習性を利用することがコツ

ネコは「しつけ」を「しつけ」として学べません。
しかし、飼い主との信頼関係を学ぶことはできます。

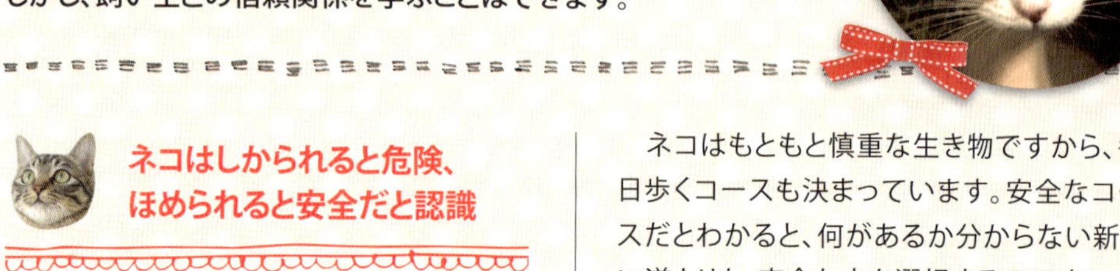

ネコはしかられると危険、ほめられると安全だと認識

ネコはしかられることを危険として認識します。したがってネコに向かってしかってばかりいると飼い主自身を「危険なもの」と認識してしまいます。しつけの方法は、ネコに向かって直接叱るのではなく、何気なく大きな音をたててネコをびっくりさせるなど、危険なことが起こる、と思わせましょう。

また、ネコにとって、ほめられることはうれしいことです。どんなことでもうまくいった時にはほめてあげましょう。ただしネコはほめられるために行動はしません。ネコにとって危険を回避できて、安全であることが大事なのです。怒ってばかりいると、ネコとのコミュニケーションはとれなくなることを覚えておきましょう。

ネコは安全なことを習慣化していく

ネコは生活の中で安全なことは繰り返し行います。しかし一度危険な目にあったりすると、その行動はしなくなります。

ネコはもともと慎重な生き物ですから、毎日歩くコースも決まっています。安全なコースだとわかると、何があるか分からない新しい道よりも、安全な方を選択するのです。

安全につながる行動を習慣化させることがネコのしつけのカギとなります。たとえば、トイレがうまくいったときにほめてあげることは、それが「自分には安全なこと」とネコの方が感じてくれるから効果的なのです。

家の中でも知らない部屋ではキョロキョロと緊張して歩きます。

安全だとわかると無防備な格好ですごします。

行かせたくない場所に行かせないしつけとは

行ってほしくない場所に行かない習慣を作るには、まず絶対にそこに行かせないことです。一度も行ったことがないまま3日も経てば、ほとんどそこへは行かない習慣ができるはずです。もし一度行ってしまって、そこが安全な場所だとわかれば、そこに行く習慣を修正するのは大変になります。

ネコが行かせたくない場所へ行こうとしたら飼い主は、知らん顔して机をたたくなどして大きな音をたててください。**ネコはびっくりして動きを止めます**。ネコが再度そこへ行こうとしたらまた音をたてる。3日間も繰り返すと行かない習慣ができます。

トラップを設けて、近寄ると危険と認識させよう

3日間頑張ってしつけしたものの、うまくいかないときは、**トラップを設ける方法が有効**です。ネコに行ってほしくない場所にネコが行くと、ネコにとって怖いことが起こるようにするのです。つまり、ネコがその場所へ足を踏み入れようとすると、大きな音が出る仕組み（トラップ）を作って学習させるのです。

ネコが驚いて飼い主のもとへ歩み寄ってきたら、ネコを慰めてあげましょう。そうすれば、飼い主はネコとコミュニケーションをとることができ、ネコは行ってはいけない習慣を身につけることができます。

トラップの作り方

ネコが足を乗せると物が落ちて大きな音が出るようにセットします。

ネコは大きな音にびっくりします。飼い主のもとへ来たら慰めてあげましょう。

発想を転換してコミュニケーション

ネコがそこに行けないようにサクを設けたとします。ネコはサクの下のわずかな隙間から抜けて行くでしょう。下の隙間を埋めると上から飛び越えていきます。そこで飼い主は怒ってはいけません。サクと思っているのは人間側の勝手な決めつけでしかないのです。ネコにとっては「遊び道具」の1つぐらいでしかないことをわかってあげましょう。

また、同じ買い物袋やカゴによくネコが入ってしまうときは、あえてネコにお気に入りの場所として進呈してしまうのもよいでしょう。ネコは安全な場所を見つけると、新しい場所を探そうとはしないものです。発想を変えて**ネコとのコミュニケーション**をはかりましょう。

子ネコとの暮らし、スタート

コツ38

抜け毛とニオイ対策

掃除好きになることと徹底的な消臭がコツ

飼い主はネコの抜け毛やにおいに鈍感になりがちです。こまめな掃除と消臭を。

ネコを飼ったらまずはこまめな掃除を

ネコの毛は毎日抜け落ちます。「ネコのいる家は汚い」と言われないためにも、**掃除はこまめにしたいもの**です。ネコを飼う時に、お部屋を掃除しやすいように工夫しておくことも大切です。たとえば、家具はすき間をあけずにぴったりとつけましょう。すき間があるとそこに抜け落ちた毛がたまってきます。また掃除機もすき間があるとかけづらいものです。

床は畳やフローリングがいいでしょう。床にはあまりものを置かず、整理整頓も欠かせません。ソファーやクッションなど布製のものは、ロール式の粘着テープでこまめに毛を取り除くようにしましょう。

ネコがよくくつろいでいる場所はフリースなどの素材がおすすめ。

ネコの毛が部屋中に広がる前に取り去る方法

ロール式の粘着テープは複数個用意して、いつでも掃除できるようにしましょう。

ネコの毛が抜け落ちて**部屋中に広がる前に対処**しましょう。毎日のブラッシングはもちろんですが、抜け毛の多い換毛期は日に数回のブラッシングをしてください。このブラッシングだけでもかなりの効果はあります。

また、ネコがよくいる場所、眠る場所は、フリースなど毛がつきやすい素材のものを使用するとよいでしょう。この場所でかなりの抜け毛をキャッチできるでしょう。

あとは飼い主がこまめにロール式の粘着テープで毛を集められるように、部屋の中には複数個用意しておくのがおすすめです。

トイレを臭くしない対処法

トイレが臭くならない対処法は、**使い終わった時に即掃除**です。ネコが砂を掘り起こし、前にしたオシッコやウンチがネコの手につかないようにするためにも必要です。また、消臭作用のあるトイレ砂や容器、足の汚れを落とすマットなども活用しましょう。処理したトイレ砂などには消臭剤をかけてから捨てるなどのマナーも大切です。

トイレの設置場所についても、来客者のことを考えると玄関や客間はおすすめできません。また、台所も衛生上おすすめできません。とはいえ、ベランダや屋外にトイレを置くのは近所迷惑の原因になりかねませんので厳禁です。

トイレ容器の掃除もこまめにしましょう。掃除の時は、別の容器も用意。

粗相した時は徹底的に消臭しよう

粗相の跡を発見した場合は、必ず掃除して、**必ずニオイを取り除き**ましょう。ニオイが残っていると、またその場所で粗相してしまいます。

フローリングの場合は、汚物を取り除いた後、住宅用洗剤で拭き取り、消臭スプレーをかけましょう。畳やカーペットは、汚れの周りをたたくようにして汚れを浮き上がらせて拭き取り、最後に消臭スプレーしましょう。ソファーなど布製品の場合もよく拭き取り消臭スプレーをかけましょう。洗えるときはしっかり洗い、天日干しをしましょう。とにかく完全消臭が大事です。

スプレー行為については動物病院で相談しよう

オスネコに見られる**スプレー行為**は、発情期の本能的な行動ですが、かなりの異臭を放ちます。防御策として一番有効なのは、去勢手術です。なお、発情期に関係なくスプレー行為をするケースもあるようです。

また、スプレー行為の防止対策としてフェイシャルフェロモン製品を使う方法もあります。スプレー行為をしそうな所にこの製品をかけておく方法です。こちらの製品の入手は、基本的に動物病院となっています。つまり、スプレー行為に関してはまず動物病院で相談してみることが先決です。

コツ39

子ネコの運動とストレスについて

運動不足とストレスの解消がネコの健康を保つコツ

いつまでも健康なネコでいてもらうためには、飼い主の気づかいが重要です。

ネコにとっての安全で快適な部屋が運動不足の原因

もともとネコは狩りをして暮らす動物ですが、安全で快適な生活を送れるのであれば、寝ていることが多い動物でもあります。完全室内飼いのネコなら安全な空間で暮らし、食べ物も間違いなく得ることができますので、動く必要がありません。しかし、もともと運動量の多いネコが、あまり動きもせずに寝てばかりいると、当然ながら運動不足になっていきます。

運動不足は健康面で問題が起きやすくなることに加え、精神面でもストレスがたまってきます。飼い主は健康のためにもネコをコントロールしてあげるように心がけましょう。

飼い主が不在がちだとネコの睡眠時間は増えていきます。なるべくネコといる時間を増やし、ネコと遊んであげることが運動不足解消になります。

ネコが運動不足にならない対処法

運動不足の解消には、飛んだり跳ねたりできる環境づくりが必要です。キャットタワーや、段差を付けた家具の配置など、ネコがひとりで遊べる環境づくりをしましょう。

あとは、飼い主がネコといる時間を増やすことが大事です。放っておくと寝てばかりいるネコです。ただ一緒にいるのではなく、ネコの睡眠時間を減らすようにネコと接しましょう。ひもの付いたおもちゃなどを使い、狩りをしている気分にさせる遊びは、ストレスの解消にもなりますので、習慣化することが大切です。

上下運動はネコにとって最もカロリーを消費する運動です。キャットタワー以外でも段差を付けて配置した家具などはネコの運動スペースになります。

運動不足以外にもストレスによる体調不良がある

ネコは**ストレスを感じやすい動物**です。再確認の意味も含めて、ネコにとってストレスになる主なものをあげておきましょう。

❶引っ越し

ネコにとってすべての環境が変わることは、安全な場所を取り上げられてしまうピンチな状態です。

❷新しい同居人

飼い主は自分のものと思っていたネコにとって、恋人などの新しい同居人はいわば恋敵。不安を取り除いてあげましょう。

❸大きな音

大きな音はとにかく苦手なネコです。工事などが近くであるときは防音対策を施しましょう。

ネコのストレス信号

ネコのストレスはネコの行動にも表れます。次のようなストレス信号が現れたら、要注意です。

- トイレ以外の場所にオシッコをする。
- 去勢後のオスや避妊後のメスがマーキングをする。
- 大きな声で鳴き続ける。
- 急に攻撃的な性格になる。
- 食欲がなくなった。
- 下痢や便秘になる。
- 長時間毛づくろいをする。
- 服や毛布、布などを噛む。

ストレスの解消法は快適空間を確保してあげること

ネコのストレス解消法には、ほどよい運動やスキンシップなどがありますが、ネコは、ゆっくり落ち着いて寝ている時に**一番リラックス**しています。

飼い主はネコが気に入っている場所を見つけたら、もっと快適になるように工夫しましょう。座布団やカゴを置くだけでネコにとって、かなり快適になるはずです。夏には自然な風が入ってくるように玄関を網戸にするなど、ネコの昼寝スペースを設ける工夫なども1つです、ネコが快適と思える環境づくりをしてあげることが、確実なストレス解消法になるでしょう。

狭い所に入るのが好きなネコにとっては楽しい道具です。

ネコ用のホットカーペットやひんやりカーペットは気持ちよさそうです。

コツ 40

ネコが迷子になった時の対処法

ネコがいなくなったら近くを捜すのがコツ

室内飼いのネコは家から一歩出たらもう迷子です。きっとネコは一刻も早い救出を待っています。

ネコの捜索は初動捜査が大事

ネコはなわばりの中では自由に動き回りますが、なわばりの外では、なかなか動かない習性をもっています。室内飼いのネコにとって家の外はなわばりの外です。外に出た時点で迷子になっているのです。

気が付いたらネコが部屋の中にいないと思ったら、まずは家の周辺を捜索しましょう。ネコは好奇心で外に出たものの、なわばりの外では不安で身動きが取れなくなるのです。**2〜3日は同じ場所にいること**もあります。家の周辺を入念に捜すことが第一です。ネコが動き回る前に見つけることが得策です。

昼はじっとしているが夜は周辺を歩き回る

ネコは迷子になるとしばらく同じ場所にじっとしているようですが、夜になると周辺を探検し始めます。とはいっても遠くまでは探検しないので、周辺を歩き回っている可能性が大きいです。見当たらないからといって捜索範囲を広げる必要はありません。時間帯を変えて、**もう一度周辺の捜索**をしてみましょう。夜になると車の通りも少なくなり、飼い主がネコを呼ぶ声も通りやすくなります。また、普段ネコが使っているトイレの砂など、ネコのニオイのするものを置いて、おびき寄せるのも手段の1つです。

公共機関にも問い合わせを

1〜2日たっても進展がない時は、保健所などの**公共機関に問い合わせて**みましょう。事故やいたずらなどで保険所に収容されているときがあります。また、ネコの種類や特徴を届けておくと、調べてもらうことができます。ただ、届け出をした後に必ず連絡が来るとは限りませんので、毎日問い合わせる必要があります。保健所に保護されていても、1週間以上飼い主が見つからない場合は、処分されてしまう可能性がありますので注意が必要です。警察に遺失物届けをしたり、動物愛護団体が地域にある場合はそちらにも届けておきましょう。

迷子ネコのチラシを活用しよう

家の近くで見つからない場合は捜索範囲を広げる必要があります。それと同時に多くの情報収集をするためにも**チラシの作製が有効**です。スーパーの掲示板や、町内会の掲示板に貼りましょう。銀行などの金融機関に貼らせてもらえるように、交渉するのも方法です。また、一般の家庭の塀や商店に貼ってもらうときは誠意をもってお願いすることが大事です。

なお、イタズラ電話やいい加減な情報が寄せられることも覚悟しておきましょう。かわいいネコを必ず見つけ出すという、強い意志が肝心です。

ネコが見つかったら原因を考えよう

無事にネコが見つかったら、迷子になった**原因を調べて対策**を考えましょう。窓などの戸閉まりが原因だったら、窓などにストッパーを付けるなどの対策をしましょう。

チラシの作りかた

チラシには必要最小限の情報を盛り込みましょう。見てすぐにわかる内容にまとめておくことがポイントです。

❶ネコの写真……顔のアップと全体の映っている写真

❷ネコの名前、性別、種類、年齢、不妊・去勢手術の有無など

❸いなくなった日時・場所

❹体の模様や傷などの特徴、大きさや体重など

❺飼い主の連絡先……携帯番号はいつでも連絡が付くのでおすすめです。

下にいくつも電話番号と名前を書いて切り込みを入れ、切り取れるようにしておくとさらに効果的!!

備えあれば憂いなし

もし迷子になってしまったときのことを考えて、子ネコの時から迷子札を付けておく習慣を身につけさせておきましょう。(P25参照)

なお、迷子札の代わりにマイクロチップを体内に埋め込む方法もあります。

子ネコとの暮らし、スタート

コツ41

ネコに留守番させる時

留守番に慣れてもらえるようにすることがコツ

ネコにとって知らないところに行くのは不安なもの。
きっと留守番の方を好むでしょう。

2泊までの留守番はネコにとって苦痛にはならない

子ネコの時から飼い主といつも外出しているネコでない限り、2泊ぐらいであれば留守番をしていた方がネコにとってはストレスがたまりません。留守番の間にネコが快適に過ごせるよう工夫は必要ですが、留守にする日数に合わせて万全の対策を取っておけば大丈夫です。

短期間の留守番チェックポイント

Point❶

食事は腐りにくいドライフードにしましょう。また、食べた分だけ補充される自動給餌器や時間で1食分補充される自動給餌器を使いましょう。設置場所は直射日光を避けておきましょう。

Point❷

水は安定感のある器にたっぷりと入れたものを複数、何カ所かにおきましょう。自動給水器も便利です。こちらも直射日光を避けましょう。

Point❸

ネコは汚れたトイレを嫌うので、外出の際には複数のトイレを近くに配置しましょう。普段から留守がちな場合は、自動清掃式のトイレがおすすめです。

Point❹

室温は注意が必要です。エアコンがある場合はかけっぱなしにしておくことをすすめます。夏場は意外に室内が高温になることが多いので要注意。

Point❺

狭い場所にずっといると、たとえネコでもストレスはたまります。行ってほしくない部屋以外はドアを開けておきましょう。安全なおもちゃもいくつか出しておきましょう。

留守番チェックシート

- ネコの体調はどうですか?
- ネコが自由に歩き回れますか?
- 腐りにくいフードを用意していますか?
- 水はたっぷりと用意していますか?
- 複数のトイレを用意していますか?
- 安全なおもちゃを用意していますか?
- 室温の管理・設定は大丈夫?
- 危険なものは出ていないですか?

3日以上の長期の留守番方法

人見知りや神経質なネコの場合は、自宅での留守番が一番です。その場合2つの方法があります。まず最初は「知人に世話をお願いする」方法です。1日に1回・2回、家に来てもらい、トイレやえさの面倒を見てもらいます。普段から何度も家に来ていて、留守番するネコと接している人であればベターです。

もう1つはペットシッターに頼む方法です。やはり1日に1回・2回、家に来てトイレや食事の面倒を見てもらいます。ただペットシッターは留守中自由に家に出入りできるので、信頼できるところに頼みましょう。

ペットホテルや病院・知人宅を利用する

最も一般的なのがペットホテルでしょう。ホテルを選ぶときは、店内やケージなどが清潔であるか、ネコに詳しい人がいるかなど事前に下調べをしておきましょう。予防接種が済んでいなかったり、病気の時は受け付けていないところもあります。

動物病院でも入院と同じ条件で預かってくれるところもあります。慢性の病気などをもっている場合は病院の方が安心でしょう。さらに、知人宅に預ける方法もあります。

どの方法にしても普段使っているおもちゃや、毛布などを用意しておくとよいでしょう。

病歴や性格などすべてを考慮した上で

スムーズに留守番させるには、ネコも飼い主も普段からの準備が必要です。いざ留守番となった時に困らないためにも、次にあげるいくつかのポイントを覚えておきましょう。

❶ペットシッターやペットホテルでもあまりストレスにならないように、普段から積極的に人に会わせたり、またキャリーバッグでの外出に慣らしておきましょう。

❷留守番の時は基本ドライフードになります。普段からドライフードに慣れておいてもらいましょう。

❸ネコの特徴、性格などをカルテにして作っておきます。そうすればネコを預かった人がスムーズに対応できます。

❹ペットホテルやペットショップではいろいろなネコや動物がいます。必ずワクチン接種を受けておきましょう。

❺一晩だけ知人に預けてみたり、ペットホテルに預けてみたりと、留守番をさせるための予行演習しておくとよいでしょう。

❻うまく留守番ができた時は一緒に遊んであげるなど、スキンシップをきちんと取ってあげてください。

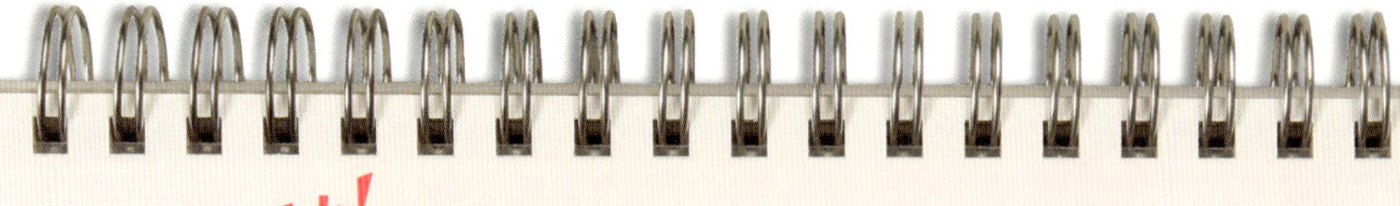

コラム

招きネコのはじまり

商売繁盛、千客万来などの縁起物として江戸時代から親しまれている「招きネコ」。
現在の日本の招きネコとは多少異なる「招きネコ」が中国や台湾、アメリカでも見ることができます。

招きネコの発祥は江戸時代からとされていますが、その由来には諸説があります。

1つは、中国の唐の時代の文献に「猫面を洗って耳を過ぎれば、即ち客至る」(猫が顔を洗い、手が耳を過ぎれば客が来る)とあり、これが日本に渡り、江戸時代に広まったというものです。

日本では東京世田谷区の豪徳寺の言い伝えが有名です。「江戸時代に彦根藩第二代藩主・井伊直孝が鷹狩りの帰りに豪徳寺の前を通りかかりました。そのとき寺の門前にいた飼い猫が、手で招き入れる仕草をしていたので、寺で休憩をとりました。すると雷雨が降りはじめました。雨に濡れずにすんだことを喜んだ直孝は、後日、荒れていた豪徳寺を建て直すために多額の寄進をしました」というものです。

猫のお蔭で隆盛となった寺の境内には、後世、「招猫堂」が建てられ、猫が片手を上げている、招福猫児(まねぎねこ)が作られるようになりました。

ところで、アメリカの招き猫は「手のひら」ではなく、「手の甲」の部分を前に向けています。これは手のひらを相手に向けるジェスチャーが「失せろ」という意味になるからです。

招きネコの主な産地

現在、日本の招きネコは主に3地方で生産されています。
なかでも招きネコ生産量日本一は常滑市となっています。

現在日本で最も典型的な常滑焼の招きネコ

●愛知県常滑市

二頭身のふっくらした体つき、大きな垂れ目、しっかり抱えた小判、典型的な招き猫といえば常滑焼で、海外にも輸出されています。昭和20年代の後半に招きネコの大量生産を開始しました。常滑競艇場の前には高さ6m、重さ10トンもある日本最大の焼物の招きネコがあります。

●愛知県瀬戸市

上品な印象の瀬戸焼きで、細身で本物のネコの体型に近く、清潔感のある磁器ならではの肌に仕上がっています。

●石川県寺井町

ずっしりと重量感のある九谷焼で、釉薬を盛り上げて描く「盛」という手法で描かれた表面は、五彩や金の絵付けの装飾が華やかに施されています。

PART 4

触れあいウキウキ、子ネコと遊びましょう

子ネコを飼っている時の一番の喜び、楽しみの1つが
子ネコと遊ぶ時間です。言葉にできない、
かわいい動きや声に心から癒されてください。

触れあいウキウキ、
子ネコと遊びましょう

コツ
42

ネコじゃらしをマスターしよう

子ネコの好みのネコじゃらしを発見することがコツ!

子ネコ用おもちゃの代表・ネコじゃらし。子ネコを観察して、好みの遊び方を見つけてあげましょう。

うちの子ネコはどのタイプ?動きをチェック

子ネコにはそれぞれ得意な狩りのタイプがあり、昔から「ヘコ・ネコ・トコ」といわれています。ヘコは「ヘビ」を、ネコは「ネズミ」を、トコは「鳥」を狩るのが得意なタイプのことです。ネコじゃらしで遊んであげる時も、その子ネコにあった遊び方を探してあげましょう。色々な方法を試していると、子ネコが得意とするタイプが分かってきます。

「ネズミ」タイプは見え隠れするものを追う、「ヘビ」(虫)タイプは地面をはうような動きに反応する、「鳥」タイプは上に飛び上がる動きに反応します。あなたの子ネコは何タイプでしょう?

ここで注意したいのは、子ネコにとって獲物は「追う」ものであるということ。自分に近付いてくるものに対しては、敵である可能性が高いため「怖い」と感じてしまうのです。そのため、ネコじゃらしを子ネコの方に向かって動かすと、子ネコは後ろに逃げてしまいます。子ネコのやる気を引き出して楽しく遊ばせるためには、ネコじゃらしを遠ざけて使うようにしましょう。

次にネコじゃらしのやり方を紹介します。「ネズミタイプの場合」「虫タイプの場合」「鳥タイプの場合」と3つに分けています。

ネコじゃらしの遊びは、子ネコにとって狩り。

獲物が「逃げる」ような動きで、ネコじゃらしを動かしましょう。「もう少しで捕まえられる!」と子ネコの気持ちを盛り上げた後は、必ず狩りを成功させて達成感を味あわせてあげてください。

子ネコは「狩り」のつもり

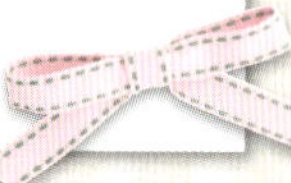

ネズミタイプの場合

基本編と応用編に分けています。

●基本編

❶まず、子ネコの近くでネコじゃらしを動かし注意をひきます。動く・停止を繰り返すのが効果的です。棒を床に強くあてて音を出すのもよいでしょう。子ネコが興味を示したら、少しずつ遠ざけていきます。

❷捕まえられる直前まで待ち、もう少しというところで逃げます。子ネコが飛びついてきたら大成功、あとは逃げる動きを続けます。必死で逃げるネズミのように、だんだん動きを速くしてみましょう。

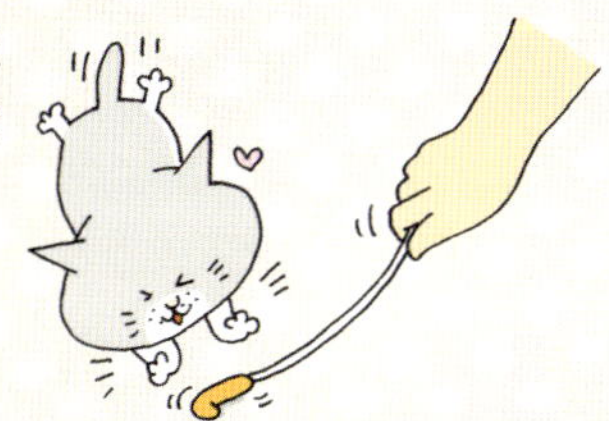

❸子ネコの周りをくるくると回す動きもよいです。子ネコがネコじゃらしに咬みついたら暴れてから逃げます。そして次に咬みついた時は捕まってあげましょう。狩りの成功の満足感を与えることが大事です。

●応用編

❶物陰からネコじゃらしの先端を出して動かし、子ネコの注意をひきます。子ネコが反応してきたら少しずつ物陰に引き込みます。

❷ちょっとずつ動かして、誘い込むようにしましょう。子ネコが狙ってきたら、サッと素早く引き込みます。あとは子ネコが飛びついたら、基本の遊び方と同じように逃げまくる動きをしてください。

虫タイプの場合

●基本編

❶布の下にネコじゃらしを隠し、布を少し持ち上げて何かがいるようにモコモコと動かします。不規則な動きで、速く動かしたり止めたりします。

❷子ネコが布の上から飛びついてきたら、ネコじゃらしを布の下であっちこっちへ動かして、逃げてみせます。そのうち、子ネコはジャンプして獲物の上に着地するという方法を学習します。

❸子ネコがモコモコした動きに飽きた様子なら、布の端からチラッチラッとネコじゃらしを見え隠れさせて誘います。子ネコは前足を布の下に突っ込んで捕まえようとするでしょう。

❹たまにはネコの体の真下でネコじゃらしが暴れるような動きを取り入れて、刺激してみるのもよいでしょう。

●応用編

家具を利用した虫タイプのじゃらし方も面白いです。たとえば、子ネコがイスに乗っている時、イスの背の隙間からネコじゃらしを出して、前足で「虫」を捕まえさせる遊びなどです。

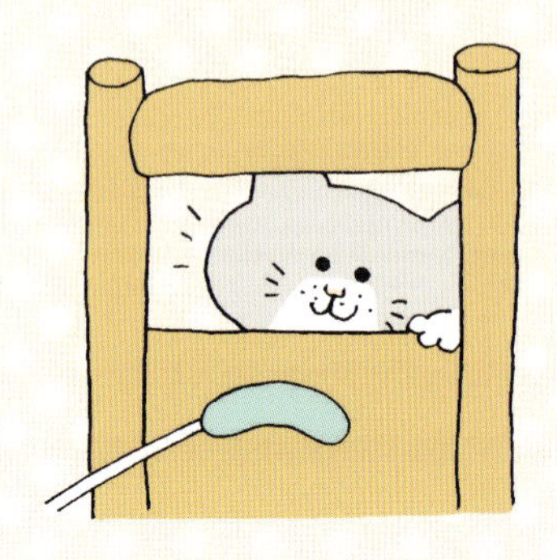

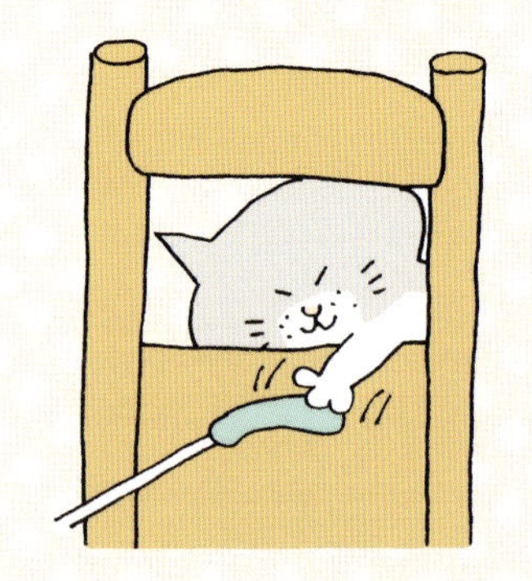

鳥タイプの場合

釣りざお式のネコじゃらしを使います。この遊びには体力を使うので、小さな子ネコにはまだ無理です。ある程度大きくなったネコ向きの遊びです。

●基本編

❶糸の先を床につけた状態で、ネコじゃらしをバサバサと大げさに動かします。小鳥が飛べずに地面で暴れているような感じです。動かしながら音をたてましょう。

❷ネコがネコじゃらしを狙い始めたら、その動きを観察してください。ネコが飛びかかる直前まで動かします。

❸ネコが飛びかかったら、ネコじゃらしを上に跳ね上げます。ネコもジャンプするので、まだ捕まらないように。「着地しては跳ね上げる」を繰り返します。連続ジャンプの回数は3、4回にしましょう。（それ以上はネコが疲れてしまいます）

❹最後には捕まえさせて、狩りの成功を味あわせてあげましょう。獲物に咬みついたら、絶対に離さないネコもいます。

飛び上がるような姿がかわいい

触れあいウキウキ、子ネコと遊びましょう

コツ43

子ネコと一緒に遊ぶ

子ネコを喜ばす遊びが元気に育てるコツ

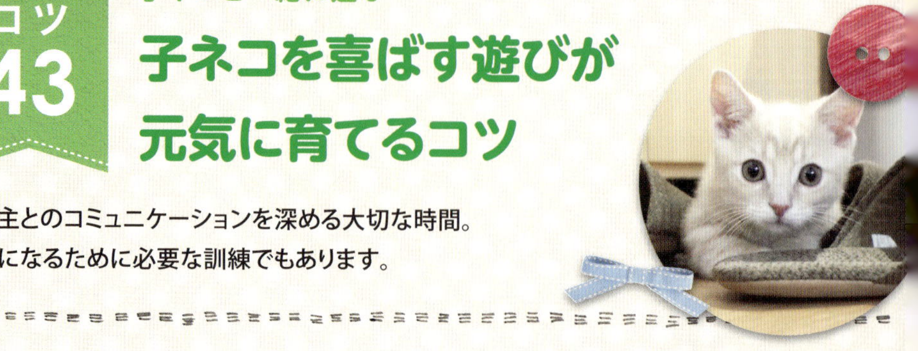

飼い主とのコミュニケーションを深める大切な時間。大人になるために必要な訓練でもあります。

子ネコにとって遊ぶことの意味は?

子ネコにとって、「遊ぶこと」は重要な意味を持っています。動くものにじゃれつくことから始まり、次第に**狙う・追いかける・飛びかかる**といった動作に発展していきます。そして自分の歯やツメの使い方を学習し、「狩り」に必要な運動を身につけるのです。これによって大人になった時の必要な動きを、遊びの中で本能的に身につけます。

面白がって夢中になって遊んでいることが、一人前になるために必要な技術なのです。たとえば、咬まれると痛いということやケンカの時の力の加減など、遊びの中には大切な要素がたくさん詰まっています。

そして、遊ぶことで子ネコの**運動不足を解消**することも重要です。ストレス解消にもなりますから、飼い主が積極的に遊んであげるようにしましょう。

ひとり遊びには限界がある?

子ネコのあいだは、起き上がりこぼしやボールなど、単純なおもちゃでも喜んで飽きずに遊ぶでしょう。ところが、成長するにしたがって、そういったひとり遊び用のおもちゃには興味を示さなくなります。動きが単純すぎて、物足りなくなるのです。ネコにとって**「遊び＝狩りのための練習」**ということを考えると、当然です。おもちゃの動きが狩りの獲物に似るほど、予測できない高度な動きをするほど、ネコの狩猟本能が刺激されて「やる気」が出ます。ネコの発達に合わせて、おもちゃや遊び方を変えるようにしましょう。

ネコの狩りの方法

❶待ち伏せ
❷獲物の位置を確かめ、チャンスをうかがう
❸狙いを定め、タイミングをはかって一気に飛び出す
❹最後はとどめをさす

子ネコが喜ぶ遊び方のポイントは、動物の動きをまねること

　子ネコの遊びのきっかけは、「狩り」の本能からくる衝動です。その本能を刺激して、遊びに誘うには**動物の動きをまねる**とよいでしょう。ネコじゃらしの項（P106参照）で紹介した通り、ネコの獲物になる動物には3つのタイプがあります。飼い主は、ネコの獲物になる動物の特徴をイメージして、上手に演出してあげてください。

獲物になる動物の動き

●ネズミ

❶チョロチョロと動いては止まるを繰り返す
❷ノロノロと動いたりサッと動いたり、スピードが不規則
❸ジグザグに進む
❹歩く時、カリカリと音がする
❺物の隙間にチョロチョロと入り込む
❻物陰から体の一部が見えていて出入りする

●虫

❶葉っぱの下などをノソノソと動く
❷カサカサと音をたてる
❸ジグザグに進む
❹時々体の一部が見え隠れする

●鳥

❶低く飛んでは着地するを繰り返す
❷傷ついた鳥が地面でもがくと、翼がバサバサと音をたてる
❸キケンが迫るとサッと飛び立つ

思いきり遊ぶための準備

　子ネコは好奇心のかたまりで、どんなものにも興味を示します。十分に遊ばせてあげて、元気な子に育てたいですね。

　また、飼い主は子ネコがケガをしないよう、**遊ぶ前には安全対策**を考えましょう。たとえば、お風呂場でおぼれる・ベランダに出て落ちてしまうなどの事故につながらないよう、ドアや窓の開閉に注意しましょう。また、危ないものを飲み込まないようしまっておくこと、電気コードにカバーをしておくこと、モノにぶつからないよう遊ぶ場所には十分な広さを確保することなどです。

ネコの遊びは「狩り」の練習
獲物になる動物の動きを想像して、楽しく盛り上げましょう。

子ネコと遊ぶおもちゃいろいろ

❶飼い主と一緒に遊ぶおもちゃ

小鳥やネズミなどいろいろな形のものがあります。ネコの狩猟本能をかきたてます。

釣りざおタイプにネコも興奮。
ひもで操って、本物のように動かしましょう。

❷ひとり遊び用おもちゃ

●キャットタワー

●ダンボール箱

お留守番をする子ネコには、ひとり遊びのおもちゃが必要です。退屈しないように、部屋にいくつかおもちゃを置いておきましょう。

❸こんなものも子ネコの遊びに

ポリ袋をガサガサさせて遊びます。

家具のすき間に出たり入ったり。

高低差のある家具に飛び移ります。

ネコのマタタビダンス

ネコはマタタビの実・木に触れると、酔ったように体をくねらせ、床にこすりつけます。10分ほど興奮が続き、元に戻ります（反応しないネコもいます）。マタタビに反応するようなら、おもちゃに加えてあげてください。

子ネコは意外に疲れやすい？

ネコは瞬発力はありますが、持久力がありません。夢中になって遊ぶと、体力を消耗してすぐに疲れてしまいます。

飼い主が遊んであげる時間は**1日1回、15分で十分**です。お腹を見て「ネコの呼吸が速くなっているな」と思ったら、よい運動になっているということです。

人と遊ぶ楽しさを覚える

子ネコは飼い主と遊ぶ楽しさをすぐに覚えるはずです。ひとりではできない動きに熱中するうちに、飼い主に**仲間意識**が生まれます。すると子ネコの方から「遊ぼう!」と誘ってくるようになるでしょう。飼い主に寄って来たり、ネコじゃらしをくわえてきたり…。

また、慎重でなかなか遊びに反応しないネコもいます。本当に遊びたくなければ無視しているはずですが、ジッと見て動かないのは「考え中」のサイン。飼い主が気長に待ち、臆病なネコでも手が出せる遊びを工夫してあげましょう。

飼い主とケンカごっこで遊ぶ

子ネコが、飼い主の手に咬みついてくることがあります。子ネコは遊びたいと思って、兄弟にじゃれるような気持ちなのです。飼い主が叱ると、ますます興奮するでしょう。こういう時は子ネコの兄弟のつもりで、**ケンカごっこ**にのってあげてください。

❶ネコが手に咬みついてくる
→乱暴にふりほどく

これが「ごっこ」にのったサインです。

❷ネコが再び向かってくる
→手を広げてネコの顔を押さえつける

こうするとネコはますます興奮します。

❸ゲンコツをネコの目の前に出す
→ネコは飼い主のゲンコツを狙ってきます。

「あと少しで引っ掻かれる」というところでよけます。

❹もう十分遊んで「おしまい」にする時は、飼い主がサッとやめること。

立ち上がって全然違うことをやり始めてください（キッチンに立つ、トイレへ行くなど）。

コツ
44

子ネコをスマホやデジカメで撮る方法

子ネコのベストショットは、たくさん撮ることがコツ

かわいらしい子ネコの姿は、写真に撮って残しておきたいもの。上手にスマホやデジカメで撮る方法は？

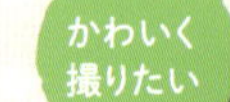

子ネコの最高の表情をねらおう

どんなに写真撮影のテクニックが優れていても、撮るタイミングが悪ければよい写真にはなりません。**最高のシャッターチャンス**は、飼い主だからこそ手に入れられるもの。いつも子ネコを見ていて、最高にかわいらしい瞬間を知っているのは飼い主だからです。

撮りためた写真でアルバムを作るのも楽しいでしょう。成長の記録や、楽しい思い出を形に残してください。

とにかくたくさん撮ることが上達への近道

上手に写真を撮るためのコツはいくつかありますが、最大の武器になるのは**「とにかく数を撮ること」**です。1枚でよい写真をねらおうとするのは、プロでも難しいことです。何十枚も撮れば、その中に必ずベストの1枚があるはず…。シャッターを切ることをためらわず、同じような場面でも連続で撮れる限り撮ってください。

また、ネコの自然な姿はリラックスしてこそ表れるものです。カメラを向けられるとびっくりしてしまう子ネコもいますから、シャッターチャンスだと思ったら、**まずその場で1枚**撮っておきましょう。子ネコが慣れたところで少しずつアングルを変えていけば、いろいろな愛らしい表情が撮れるはずです。

ネコの写真を撮るとき気をつけたいこと

飼い主は、子ネコのかわいい表情を追うのに夢中になって、**子ネコの背景のチェック**を忘れがちです。背景に雑多なものが写っていると、せっかくの写真がだいなしになってしまいます。子ネコの背景に何が写るのか、気を配るようにしましょう。

子ネコをモデルのように撮るためには、ソファーにシーツをかけたりベッドに乗せるなど、**背景をシンプル**にしても映えます。また、

子ネコは写真を撮ろうとしても落ち着かず動き回ってしまいますから、**カゴや箱に入れる**と、じっくりとかわいい表情を撮影することができます。

ひと工夫でかわいい仕上がりに

子ネコを順光で撮ると、毛並みがべったりして見え、せっかくの柔らかな雰囲気が出ません。**逆光で撮る**と、ネコの体の輪郭が光って毛がふわりとして見えます。さらに**白いボード**（紙や発砲スチロールなど）をレフ板代わりに使って光を反射させると、影になる顔にもちゃんと光が当たります。

また、デジカメの**マクロ機能**を使ってネコに思いきり寄って、寝顔や肉球、耳などの**チャームポイントを強調**した写真を撮るのもいいでしょう。

マクロ撮影はピントの合う範囲が狭いので、きちんとピントを合わせてロックしないと、ピンボケになってしまうので注意。ネコのアップの写真をねらう時は、カメラのシャッター音でネコが驚いて逃げてしまわないよう、あらかじめ**消音設定**にしておきましょう。

写真を撮る時のポイント

❶できるだけ子ネコの目線に合わせます。つい子ネコを見下ろして撮ってしまいがち。かがんで子ネコの目の高さに合わせて。

❷背景に何が入るかチェックしましょう。室内では洗濯物、屋外ではゴミ袋などが入ってしまったらガッカリ…。

❸日光がネコの体に当たっていたら体の一部が真っ黒く影になっていないか注意！

❹ピンボケにならないようにオートフォーカスのカメラはフレーム中央にピントが合うようになっています。これを忘れるとピンボケになってしまうことも。まず、ピントを合わせたいところをフレーム中央に合わせてシャッターを半押しします。そのまま撮りたいフレームに移動させてシャッターを押すという基本を守りましょう。

触れあいウキウキ、
子ネコと遊びましょう

コツ 45

子ネコの初めてのお出かけ

事前にお出かけの練習をすることがコツ

子ネコを連れてお出かけするためには、
まず性格を知り、入念な準備を。

子ネコは基本的にお出かけは苦手

ネコはもともと環境の変化を嫌う、テリトリー意識の強い動物です。長い時間キャリーバッグに閉じ込められて、突然見知らぬ場所に連れて行かれることは大きなストレスになります。それが原因で体調を崩してしまうネコもいるでしょう。飼い主はお出かけの前に慎重に準備をして、お出かけが子ネコにとって苦痛にならないよう気をつけてあげましょう。

移動が苦手かどうかは、子ネコに個体差があります。なかには「飼い主がいっしょなら、どこへ行っても大丈夫」「乗り物に乗っても平気」という子ネコも。臆病な性格で、見知らぬ人や場所に抵抗を示す子ネコであれば、単なる遊びとしての旅行に連れて行くのはやめた方がよいでしょう。子ネコにとって、つらい経験になってしまいます。

お出かけに必要なものいろいろ

●キャリーバッグ
丈夫で通気性のよいもの。ネコが中で多少動けるくらいの広さ。底にビニールを敷いて、ネコのニオイのついたタオルなどを入れてあげましょう。

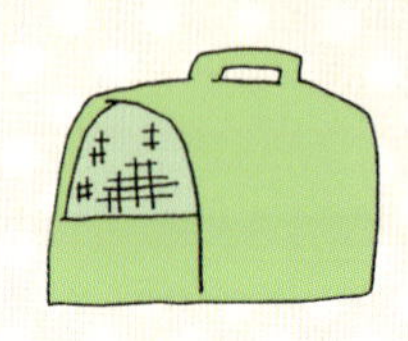

●トイレ・砂
いつも使っているものを。

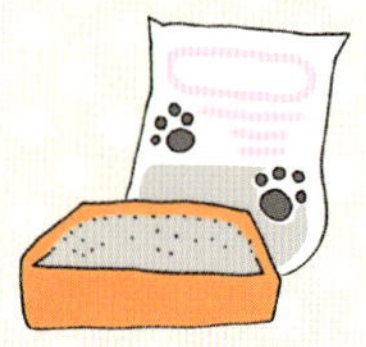

●キャットフード・水
食べ慣れている食事が一番。食器も愛用のものを持参して。

●首輪・リード
首輪には必ず迷子札をつけておきましょう。

●粘着式のゴミ取り
ネコの抜け毛掃除用。

●おもちゃ
ネコのお気に入りのものを。

●ツメとぎ
ツメでモノを傷つけないように。

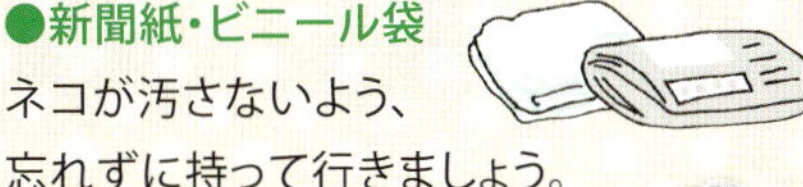

●新聞紙・ビニール袋
ネコが汚さないよう、
忘れずに持って行きましょう。

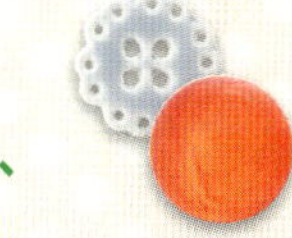

お出かけの練習、ここがポイント

今まで家の中や近所しか知らないネコを急にキャリーバッグに入れて連れ回すと、パニックになったり逃げ出して行方不明になる可能性があります。特に完全室内飼いのネコで外に出したい場合は、慣らすことが必要です。子ネコのうちに練習するのがベストですが、大きくなってからでもあきらめずに訓練しましょう。

❶キャリーバッグに慣らす

キャリーバッグに慣らすことからはじめます。いつも部屋の中に開けた状態でバッグを置いておき、**子ネコが自由に出入り**できるようにしておきます。その中で子ネコが遊んだり昼寝するようになれば大丈夫。

次に、バッグに入れて外に連れ出してみます。近所を歩いて、怖がる・騒ぐといったことがなくなればOK。

さらに、子ネコを**バッグに入れた状態でクルマや電車**に乗ります。そして、子ネコが慣れた様子なら、乗っている時間・距離を長くします。

❷首輪をつける

ふだんから**迷子札（飼い主の名前と電話番号を書いたもの）付きの首輪**に慣れさせておきます。

❸利用する交通機関を調べる

自家用車での移動であればそれほど問題はありませんが、公共交通機関を利用する場合はいろいろと制限があります。どういう乗り物に乗るか、その会社・路線にはどういった利用条件があるか調べておきます。乗り物酔いの心配には、**ネコ用の薬**がありますのでかかりつけの獣医さんに相談しましょう。

公共交通機関のペット利用規定

❶電車（JR）

改札口でキャリーバッグに入ったネコを見せ、手回り品きっぷを購入（ただしバッグの大きさ・長さ70cm以内、縦横高さの合計90cm以内）。料金は1個につき270円（私鉄）。無料の会社も。ペット持ち込み禁止の会社もあるので、要確認。

❷バス

規定なしの会社がほとんど。料金も無料の会社が多いです。一部ペット持ち込み禁止の会社や、混雑を理由に乗車を断られる場合もあるので、事前に問い合わせを。

❸飛行機

受託手荷物扱いで貨物室に入れられるので、機内持ち込みは不可。ケージの有料レンタルもあり（500円程度）。当日空港カウンターで手続き。事故の責任を問わない免責確認書にサインし、料金を払います。

❹フェリー

ペット乗船不可の会社も。長距離フェリーの場合、船内や甲板への立ち入りを禁止していることが多いので、要確認。運賃は無料から子ども料金程度と会社によってまちまちなので、問い合わせを。

コツ 46

旅行に出かけるために

子ネコとの旅行には事前の対策や準備がコツ

子ネコがお出かけできるようになったら、旅行にも連れて行けます。子ネコが安心できるよう配慮して。

移動はマイカーがおすすめ

子ネコと旅行に行く時は、公共の乗り物よりも、やはり**マイカーでの移動**をおすすめします。他の乗客への気兼ねがいりません。さらに休憩も取りやすく、スケジュールの変更も自由です。子ネコがマイカーに乗り慣れていれば、空間の中に家族しかいないのでリラックスでき、子ネコにとっても飼い主にとってもメリットが多くなります。旅行に出る時は、マイカー移動を前提に計画を立てるとよいでしょう。

車内では運転席に近付くとキケンなので、キャリーバッグに入れておくようにします。クーラーの風が直接子ネコに当たらないように気をつけ、逃げ出さないように窓やドアの開閉にも注意しましょう。休憩を1～2時間ごとに取るようにしてください。もし夏の暑い時期であれば、子ネコを車内に置いていくことは絶対にやめてください。

事前の健康チェックは念入りに

できれば旅行前に、かかりつけの獣医さんで**子ネコの健康チェック**を受けておくことが望ましいでしょう。当日朝の**便の状態**や食欲によく気をつけて、もし子ネコの体調が悪いようであれば、出発は見合わせてください。

子ネコが乗り物酔いをして吐いてしまうのを避けるため、食事を与えるのは**出発する4～5時間前**にしましょう。トイレも済ませておくと、ベストです。

また、宿泊先を汚さないための配慮として、**ツメ切り**、**シャンプー**、**ブラッシング**を事前にしておくとよいでしょう。

時間に余裕のあるスケジュールを立てて

旅行の時期が連休などであれば、道路の混雑が予想されます。子ネコのためにこまめに休憩を取れるよう、**ゆとりのあるタイムスケジュール**を組みましょう。公共交通機関を利用する場合は、ラッシュアワー時に乗り込むのは厳禁です。電車に乗って子ネコが騒いでも、キャリーバッグから出してはいけません。**途中下車**して、子ネコが落ち着くのを待ちましょう。それからゆっくり乗り直してください。

また、宿泊先には必ず**「ペットOK」**の宿を選んでください。宿泊する際の注意点があれば、予約の時に確認しておくと安心です。

目的地ではのんびり過ごそう

宿泊先に着いたら、まず部屋に**トイレを設置**してください。それから子ネコが逃げ出してしまわないよう、**ドア・窓を閉めたことを確認**して、キャリーバッグから出してあげましょう。食事をしていなかった場合は、持参した**キャットフードと水**を与えて。食事もトイレもせずに、家具の下などにもぐりこんだままというような場合は、しばらく様子を見てそっとしておき、自分のニオイのついたおもちゃなどで、安心感を与えるようにします。子ネコが不安になるので、慣れるまでは部屋に残して外出することは避けてください。

客室を汚さないために、トイレやツメとぎに注意しましょう。チェックアウトの前には、粘着式のゴミ取りローラーで**抜け毛の掃除**を忘れずに。

お出かけチェックシート

- 迷子札付き首輪は付けた？
- 旅行に必要な物はOK？
- 休憩を十分に取れる？
- 交通手段はペットOK？
  （料金・大きさ制限は？）
- 宿泊先はペットOK？
- キャリーバッグやリードに慣れている？
- 体調は良好？
- 子ネコは性格的に旅行に向いている？

用意しておくと便利なもの

- ペット用消臭スプレー
- 携帯用ちりとり＆ほうき（ネコ砂掃除用）
- 熱中症対策グッズ（夏の場合）保冷剤、タオル、水を入れた霧吹き、うちわ
- 保温グッズ（冬の場合）毛布、ペット用保温グッズ
- ウエットティッシュ、お尻ふきシート
- 防水シート
  （粗相した時のためにクルマに敷いておく）
- ネコの写真
  （万が一逃げてしまった時のため）

※出発前の食事は早めに済ませるなど、普段以上にネコの体調・精神状態を思いやって、トラブルや病気にならないよう注意しましょう。

コツ
47

愛猫の首輪を手作りしてみよう!

素材や金具部分は安全性をしっかりと検討することが重要

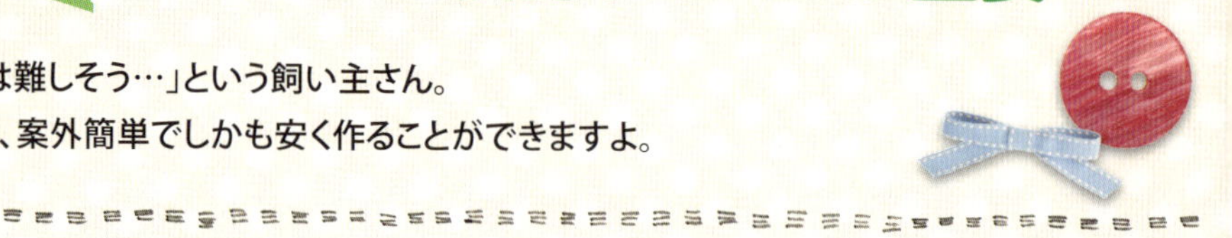

「手作りは難しそう…」という飼い主さん。
首輪なら、案外簡単でしかも安く作ることができますよ。

愛猫にぴったりの色・柄を選べるのが魅力

手作りの首輪のよい所は自分の好みやネコの色・柄に合わせて、イメージに合った物を作れるということ。材料も余ったはぎれやプレゼントなどを包装していたリボン、もう付けなくなったアクセサリーのパーツ、100円ショップで売っているような材料で手軽に出来るというのも魅力です。一方忘れてはいけないのが安全性です。ネコは高い所やせまい場所に上ったり、入ったりするのが大好き。何かの拍子に首輪が引っかかってしまって、そのまま宙づり状態になってしまっては大変危険です。実際にそのような事例があることも確かです。また、神経質な子はストレスで毛が抜けてしまうこともあります。かわいいからといって、アクセサリー感覚で安易に首輪を付けずに、愛猫の性格を見極めて、慎重に検討することが大切です。

特に気を付けたいのは首輪の金具部分。一般的に使われている丸カンや綿ファスナー、スナップボタンなど種類はいろいろ。既製品で多くみられるプラスチックのバックルを使う場合は、爪ヤスリでとがった部分を慎重に削り、引っかかった時に外れやすくなるように細工をしてから使用しましょう。それでも不安という飼い主さんにはゴムを使ったシュシュタイプをおすすめします。

TRY!❶

首輪のサイズを調べよう!

きつすぎても、ゆるすぎてもダメ!ジャストサイズの首輪を作るために愛猫の首周りのサイズを測りましょう。

❶ひもまたはメジャーをネコの首回りに軽く巻きます。ひもの場合は、巻き始めにペンなどで目印を付けて、巻き終わりを指で押さえます。そのまま定規で長さを測りましょう。

▶

❷首輪のできあがりのジャストサイズは①で測った首の周りのサイズ＋1cm。首がしまりすぎるとストレスの原因となり、ゆるすぎると物に引っかかってしまう可能性が高くなります。

▶

❸①、②を元に採寸したサイズの首輪が出来上がったら、実際にネコの首に付けてみましょう。この時、指が1本分入る程度の余裕があればOK。それ以外であれば、サイズを調節しましょう。

TRY!②

首輪を作ってみよう!

用意するもの ●布（幅＝3.5cm、長さ＝P120で測ったネコの首輪周り＋10cm） ●丸カン（10mm～15mmのもの） ●綿ファスナー ●チャコペン ●針 ●糸

1

布を裁断します。折り目などが付いている場合はアイロンをかけましょう。

2

上と下を0.5cm程度折ります。この時、細すぎる場合はネコの首の幅に合わせて変更してください。

3

アイロンをかけて折り目のくせを布につけます。布が薄い場合は接着芯などで補強しましょう。

4

上下にクセをつけたら、布を半分に折り、アイロンでクセをつけましょう。

5

折り目の部分を縫っていきます。ミシンを使ってもOK。始めと終わりには返し縫いを忘れずに。

6

ひもの両方の端をそれぞれ1cm～0.5cmの三つ折りにして、縫います。

7

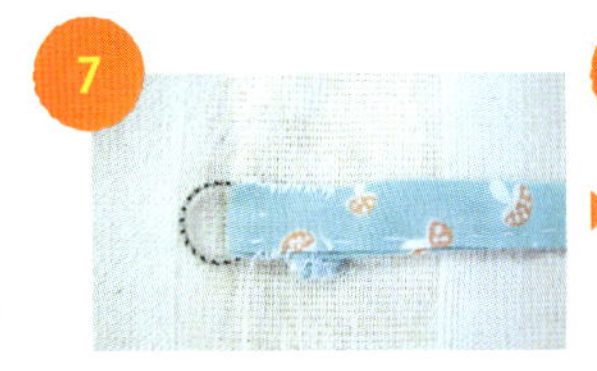

片方の端に丸カンを通して2cm程度折り返し縫い合わせます。サイドも忘れずに縫い合わせましょう。

8

一度ネコに首輪を付けてみて、サイズを確認したら、綿ファスナーを付ける位置を決めましょう。

9

首輪の幅に合わせてカットした綿ファスナーを付けて完成です。

ほかにもこんな首輪があります

大きめのビーズをゴムでつないだものや、革ヒモを編んでチャームを付けたものなど、首輪は材料次第でバリエーションが広がります。ただし、長時間付ける場合、チャームやビーズなどは誤飲の可能性が高いので注意しましょう。布であれば、シュシュタイプのものもオススメ。ゴムを使うので、何かに引っかかった時でも伸びるので安心です。

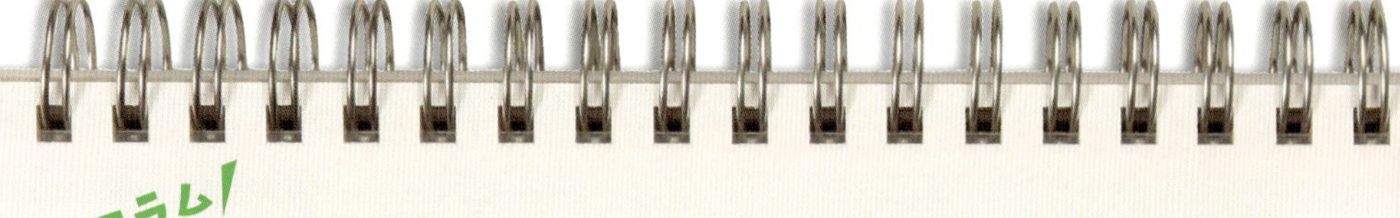

＼コラム／

キャットショーってなに？

キャットショーは、ネコの美しさを競うコンテストのことです。純血種のネコにはそれぞれ決められたスタンダード（理想型）があります。顔の形や耳の位置、色などに関して細かい決まりがあり、ブリーダーはそのスタンダードに近づけるよう努力して、種の向上を目指しています。

キャットショーにはそういったハイレベルな競争のほかに、HHP（ハウスホールドペット）というクラスがあります。このクラスにはスタンダードがなく、普通のペットとして自由に過ごしているネコが、美しさとコンディションのみを競います。HHPクラスには、雑種や血統書のないネコでも参加することができ、資格や年齢制限もありません。「うちの子はこんなにかわいいんですよ、見てください！」という気持ちで、参加してみてはどうでしょう？

また、キャットショーは見学だけの入場もできます。ショーには、ペットショップではなかなか見ることのできない珍しい種類の美しいネコたちがエントリーしてきます。さまざまなネコを見て、ブリーダーたちと直接話ができるのでネコ好きの人にはたまらないイベントでしょう。

日本では、アメリカの団体CFA（キャット・ファンシアーズ・アソシエーション）とTICA（ザ・インターナショナル・キャット・アソシエーション）の日本支部があり、全国でショーを開催しています。開催日程はそれぞれの公式ホームページや、ネコ専門誌に掲載されています。参加してみたい方、見学に行きたいという方は、各団体のホームページを見てみましょう。

キャットショーの歴史

キャットショーは、1598年にイギリスでお祭りのイベントの1つとして行われたのが始まりです。「キャットショー」という形での開催は、1871年にロンドンで行われたショーが最初です。そして、1887年に大英国立キャットクラブ（National Cat Club of Great Britain）という協会が設立されました。

日本では、1963年に座間基地勤務だったロバート・ゼンダ氏らが中心となって、第１回のCFAキャットショーが基地内で開催されています。翌年1964年にJCF（ジャパン・キャット・ファンシアーズ）という協会が設立され、日本人主催による初のCFAキャットショーが開かれました。

ネコの
美しさを競う
キャットショー

PART 5

知るほどに、かわいくなるネコ

ネコの歴史、習性、特徴。暮らしの中で見せるさまざまな行動など、「ネコっておもしろい、かわいい」という楽しい情報をまとめています。

知るほどに、かわいくなるネコ

コツ 48

ネコの祖先について

現在のネコたちのルーツを知ると、愛情も深くなる

動物としての歴史が、人間よりかなり長いネコが人と暮らすようになったのは？

ネコ、イヌなどの祖先といわれる、ミキアス

ミキアスという名前の小型の捕食生物が生息したのは、約6500万年前から4800万年前といわれています。直立二足歩行を特徴とする人類が誕生したのは、約450〜400万年前とされていますので、約4400〜6000万年の歴史の差があります。

ミキアスはネコ、イヌ、アシカなどの肉食類の祖先と考えられており、木の上で生活していたようです。木から降りて生活するようになった生物が、ネコやイヌの起源になっているようです。

ミキアス

リビアヤマネコ

ミキアスが進化してプロアイルルスへ

ネコからトラまで約40種のネコ属は、同じ祖先から進化したといわれています。それが、ミキアスから進化したプロアイルルス（プロアイルラス）と呼ばれる動物で約3000万年前から1000万年前に生息していました。

リビアヤマネコがイエネコの原型!?

イエネコ（現在のネコ）の原型といわれている、リビアヤマネコが誕生したのが約60〜90万年前とされています。現在もアフリカ北部から西アジアに生息しています。これは人類の祖先・ジャワ原人や北京原人（約150〜20万年前）が出現した時期とも重なります。

なお、キプロス島（トルコの南の地中海の島）の約9500年前の遺跡で、世界最古という飼いネコの化石が発見されています。

神格化された古代エジプトのネコ

古代エジプトは紀元前4500年頃（第1王朝時代は紀元前2800年頃）に始まり、紀元前30年にギリシャのマケドニア出身のプトレマイオスの王朝が滅び、ローマ領になるまで続きます。

このプトレマイオス朝時代の前にあたる紀元前700年頃（末期王朝時代）には、**ネコがライオンの代わりとして崇拝**されていました。その中で雌ネコの頭をもった女神＝「バステト女神」が埋葬に使われるなど神格化された歴史をもっています。

バステト女神

エジプトから日本までのルート

エジプトで神聖な生き物であったネコは、大切だからこそ他の地域に移動する時にも一緒に連れて行ったと考えられています。

ネコたちは人とともにエジプトからギリシャ・ローマへ、ギリシャ・ローマからインドへ、そこから中国へ広がっていったようです。

6世紀中頃の仏教伝来とともに日本にもネコがやってきたという説があり、その理由として、船旅中に大切な仏典や経典がネズミにかじられてしまうことを防ぐためにネコを同乗させたことがあげられています。

ルーヴル美術館所蔵の古代エジプトのネコの像、太陽神と結びつけられたことを表す首飾りや胸飾りが刻まれています。

日本でのネコの歴史

ネズミを捕る有益な動物としての、ネコの存在は大きかったようです。米蔵に貯蔵している、生命の源となるお米。これをネズミから守ってくれるネコが貴重であったことは十分に想像できます。

また、**愛玩動物**としても「枕草子」や「源氏物語」に登場します。この平安時代には位階（国に仕える個人の地位を表す序列・等級）を授けられたネコも話の中に出てきます。

このような歴史を経て、現在のネコにつながります。

知るほどに、
かわいくなるネコ

コツ
49

ネコの生態を紹介

かわいいネコの秘密が分かれば もっと愛しく感じるようになる

かわいさの中にも野性味を多く残すネコの
高い身体能力の秘密を徹底解剖!

ハンターだった特徴を残すネコの身体

かつてハンターだったネコ。ペットとなった今でもその特徴を色濃く残しています。例えば、**ネコの瞳が夜に光るのは**一度取り入れた光を反射させる機能を持っているからで、人間の6分の1の光の量でも獲物を捕らえることが可能なのです。また、**ネコの視野**は90度から120度位の範囲を立体的に捉えることが可能です。

プニッとした肉球はネコのクッションがわりにもなっていて、高いところから降りるときは衝撃を和らげ、走るときは音を出しません。これは、かつて木の上で暮らしていた先祖の名残りかもしれませんね。

ザラザラした舌は甘みを感じない?

ザラザラとしてまるでやすりのような感触の**ネコの舌**。これは糸状乳頭(しじょうにゅうとう)という突起があるからで、骨に付いている肉をなめとったり、グルーミングに利用されます。舌には人間と同様に味を判別する味蕾がありますが、塩分にはとても敏感に反応する反面、甘いや辛いなどにはあまり反応しません。

ネコの生態

ネコの視野

ものを立体的に捉えられる範囲 90度〜120度

ネコの肉球

指球(しきゅう)

掌球(しょうきゅう)

手根球(しゅこんきゅう)(前足のみ)

着地!

前足は5本、後ろ足は4本でツメは自由に出し入れ可能

舌の秘密

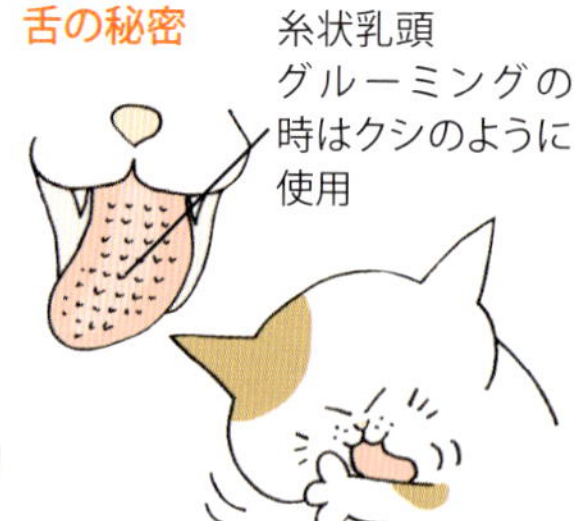

ネコの身体の秘密大解剖

耳
人間の3倍の聴力を持っています。特に低音域は人間にやや劣りますが高音域は78000ヘルツまでの微妙な音の違いを聞きわけます。また耳の中の平衡器官のおかげで空中回転が可能に。

目
光の量を瞳孔で調節。広い視野とわずかな動きも見逃さない動体視力を持っています。

鼻
ニオイを感じ取る能力は人間の2倍。食べ物の好き嫌いや相手との関係もニオイで判別します。

口
ネコはヤコブソン器官という口の中の器官でも鼻と同様にニオイを嗅ぐことができます。

ヒゲ
ネコのヒゲは「触毛」というセンサーになっていて、鼻の下のほか目の上、ほお、あごの下にあります。多くの神経が集まって身体のバランスを取る役割も果たしています。

シッポ
先端まで骨と神経があり、ジャンプや着地の時の身体のバランスを取る役割も果たしています。

前足
かかとを地面につけず、つま先立ちすることでいつでもダッシュできるようになっています。

後ろ足
発達した筋肉があり、ジャンプや瞬発力を生みだして獲物を逃しません。

知るほどに、
かわいくなるネコ

コツ
50

ネコの気持ちと行動

ネコと過ごすことでわかるいろいろを見てみよう

ネコの気持ちを推察しながら、
暮らしの中でよくする行動についても紹介します。

ネコにとって飼い主はどんな存在？

ネコは基本的に気まぐれで、わがままです。それは人間側の見方で推察した時の判断であり、ネコは野生動物の本能を発揮しているに過ぎないケースもあります。

ネコにとって、飼い主は**「親」であり「友だち」であり「家来」である**という見方も、状況によって飼い主を都合よく見るというネコの立場になれば正当なのでしょう。

完全室内飼いのネコならば、子ネコのときから飼い主は母親代わりです。また、ネコじゃらしなどで遊んでくれる友だちでもあります。さらに、自分に合わせて「ごはん」や快適な「寝床」を用意してくれる面では、家来の存在だと思っていても不思議はありません。

ネコにとって飼い主とは

言葉はわからなくても自分の名前は理解している

ネコは人間の言葉は理解できません。それでも、話しかけたら「ニャーン」とタイミングよく鳴くことがあります。また、状況によっての人間の声の大きさや話し方などを学習しており、飼い主が自分に対してどんなアクションを起こしてくるかは体得していると考えられます。よく呼ばれる自分の名前については、その言葉の響きで**自分と密接に関係している**ということは、理解しているようです。

ネコには血液型がある

ネコには3種類の血液型があります。A型、B型、AB型の3つで、人間にはあるO型はありません。多くのネコはＡ型で、B型はネコの種類によってときどきみられるくらいで、AB型は非常に少ないです。

ネコの血液型は人間のように簡単に調べることはむずかしく、また検査できる動物病院も多くはありません。

もし、重度の貧血や手術などで輸血を必要とする際には、取り寄せできるような輸血システムはありません。このため、血液の確保には大変な手間ひまがかかります。

ふとんなどを前足でモムような仕草の理由は？

子ネコは、母ネコのおっぱいを吸っている時に、母乳の出をよくするために、前足でよくモミモミします。

大人のネコになっても、やわらかなふとんや毛布に触れると、それらを前足でモミモミする仕草を見せることがあります。それは子ネコの時の記憶が思い出され、もんだり、吸いついたりするといわれています。

電話している時に限って、さかんに鳴く

固定電話は減りましたが、飼い主が受話器を持って話しているときに限って、「ニャーニャー」とうるさいほど鳴くことがあります。これは、電話に夢中になっている飼い主に対して、自分の方に注目して欲しいというサインとされています。また、固定電話で話をしている時、飼い主は動きません。動かない飼い主を見て「ヒマなのかな？」と思い、単にかまってほしいので、鳴き続けるという見方もあります。

人が指をさし出すと鼻をくっつけるのは？

ネコの顔の前に指の先を近づけると、ネコは自分の鼻を指にくっつけるような仕草をすることがあります。ネコは好奇心の強い動物ですから「何だろう？」と確認するために、ニオイをかごうとして鼻をくっつけるとされています。

また、ネコは鼻と鼻をくっつけて、仲間と挨拶をする習性があるため、指の先に鼻で挨拶しているという説もあります。

知るほどに、かわいくなるネコ
コツ51

キャット・ランゲージについて

鳴き声や仕草などでネコの気持ちを理解するコツ

鳴き声と体の動きで感情や意志を示す、
ネコのコトバがキャット・ランゲージです。

キャット・ランゲージは大きく分けると2つ

1つはニャアニャアなどの「鳴き声」、もう1つはシッポの動きなどで気持ちを表す「ボディランゲージ」です。さらに動物ならではの「マーキング」（においつけ）もキャット・ランゲージに入りますが、「鳴き声」や「ボディランゲージ」のように飼い主とコミュニケーションを図る直接的なツールになりにくいため省いています。

飼っているネコと確かなコミュニケーションができるようになれば、飼う楽しさや愛情も一段と深まります。さっそく、試してみましょう。

鳴き声は基本的に「不満」の意志表示

満足している時に鳴き声を出すネコは、まずいないといってよいでしょう。何か不満がある時に、「ニャアニャア」などの鳴き声を出します。

とはいえ、その不満が「ちょっとそこをどいてほしい」とか「ちょっぴり抱っこして」など、大した不満ではなくても鳴きます。また「お腹が空いて倒れそう！」という大きな不満がある時ももちろん鳴きます。だから、鳴き方の違いをわかってあげる必要がでてくるのです。

鳴き声の意味をマスターする方法

キーポイントは、その鳴き声でネコが「何を望んでいるのか？」を当ててあげることです。

ある鳴き声を聞いたら、これかな？と想像できる不満を次から次へと解消していきます。その中で、ネコが鳴きやんだ時に「これだったのか！」とわかるはずです。それが、鳴き声と不満内容が結びつく瞬間です。

そのためには、想像力や時間や体力をかなり使います。試行錯誤を繰り返し、努力と執念がないと解読はできないということです。

次に「言葉」の定着をめざしてコミュニケーション

不満内容と鳴き声バージョンが連動できるようになったら、常にネコのその鳴き声に正しく応えてあげることが重要になります。飼い主が鳴き声に正しく反応すれば、ネコはその「言葉」を頻繁に使うようになるはずです。

つまり、ネコの方が「こう鳴いたら…」、その目的が達成できるというコミュニケーションの手段を獲得したことになるのです。

ネコによって微妙に違いますが、一般的に理解されているキャット・ランゲージ（鳴き声）の一部を見てみましょう。

鳴き声のパターンを見てみよう

★「ゴロゴロ」は2種類

●満足のゴロゴロ

半分閉じた目をすることが多いです。リラックスした状態の表れですが、ネコによって「ゴロゴロ」の音の大きさも違います

●嫌な気分のゴロゴロ

理由はわかりませんが、苦しかったり、不安だったりなど嫌な状況になった時にも「ゴロゴロ」することがあります。

★連続のニャニャニャとニャア

大人のネコが連続でニャニャニャと鳴く時に「これはパニックになっている」ということがわかる鳴き声があります。この鳴き声は母ネコが子ネコを見失い、探している時に見られます。

これに対し、飼い主に「ニャア」（ニャオやキーキーという声に聞こえるネコもいます）と鳴く時は、鳴き方が複雑で不満内容の聞き分けはとてもむずかしいです。

代表的なのは、飼い主の足に顔や体を擦りつけてくる「スリスリ」の動作。これは自分のニオイをつけようとするマーキングの行為で、親愛の表現です。

ボディランゲージのいろいろ

また、お腹を見せてゴロリと転がったりするのは、安心や遊んでのサインといわれています。野生動物の本能を持つネコは、普通、お腹を見せるというキケンな格好をしないからです。

シッポによる表現は豊かですが、シッポの動きでさまざまな気持ちを理解するのはとてもむずかしいです。一般的には、シッポを大きく振る時（イヌであれば喜んでいる表現）は不愉快な気分にあるとされています。シッポをピンと立てているときは、甘えモード。「かまって～」「お腹すいたよ」などのおねだりや興味をそそられるものを見つけた時のサインともいわれています。

ネコの鳴き声　何を言ってるのかな?

[ゴロゴロ]

気持ちいいよー/○○してよー/具合か悪いよ

ネコは機嫌のいいとき、逆に具合が悪いときなどに、ゴロゴロとのどを鳴らすことがあります。子ネコの場合は母親に自分の無事を伝えるために、のどを鳴らすといわれています。

[ンギャッ!] 見つけた!

ついつい興奮して、見つけた!といった感じで声が出てしまったというときの鳴きかた。獲物を探してようやく見つけたときに、思わず声を出してしまったという感じです。

[ニャオー]

お腹へったよー/外に出たい!/遊んで!

飼い主に対して、さまざまな要求や主張をするときに、このように鳴きます。最もポピュラーな鳴きかたです。

[ゴロゴロ] やあ!/オッス!

飼い主や仲間に、短くて軽い鳴きかたでする挨拶のような意味合い。ネコ同士の挨拶として使われることもある。

[ウニャウニャ] おいしいー

ごはんにありつき、ウニャウニャと独り言を言ってる感じです。うれしさのあまりついつい出てしまうという感じです。

[ギャアー]痛い!

痛いよ!やめてよ!という叫び。ケンカで噛まれたときや、激しい痛みを感じたときなどに出す声です。

[シャー!]こっちに来るな!

相手を追い払うときや、威嚇するときに出す声。小さな子ネコでも、こんな威嚇する声を出します。

[フ〜]やれやれ

何かに集中していて緊張が解けたときにフ〜と鼻から息を出すことがあります。

[ミャ〜(音の出ない鳴きかた)]ママどこ〜

赤ちゃんネコは危険を感じると、人間には聞き取れないような声で母ネコに状況を伝えます。

[ミャ〜オ〜]やるかコラー!

威嚇しても結果相手が引かず、ケンカになってしまった場合、ケンカに勢いをつけて発します。

[キャキャキャキャ]捕まえたいよー

ネコによっては、カカカとかケケケと鳴く場合もあります。外にいる鳥や虫を窓から見て、捕まえたいのに捕まえられないといったときにする鳴きかたです。

知るほどに、
かわいくなるネコ

コツ
52

ネコと暮らす時のなぜ?どうする?

子ネコの育て方と ネコのあれこれQ&A

子ネコの世話やネコと暮らす中で起こる
日常的な習性についてのＱ＆Ａです。

さまざまな疑問や 注意点、Q&A方式で紹介

コツ1からコツ51の間で説明してきたことでは取り上げることのできなかった、詳細な説明や事柄、習性などを中心に、**Q&A方式**で紹介します。

たとえば、「集合住宅で子ネコを飼う時の注意」「赤ちゃんがいてもネコを飼うことができるのか?」「新聞を広げると、なぜネコはその上に乗りたがるのか?」など、子ネコの育て方から生活の中でよく見られるネコの習性まで、子ネコを飼う上で気になることや知っておきたいことをまとめています。ぜひ参考にしてください。

ネコのあれこれQ&A

Q1 子ネコのミルクの上げ方は?
Q2 子ネコのトイレ、どうするの?
Q3 アパートやマンションで飼うには?
Q4 赤ちゃんがいても大丈夫?
Q5 ネコはなぜ真夜中に騒ぐ?
Q6 ネコはどうして新聞の上が好き?
Q7 ネコが掃除機を嫌いな理由とは?
Q8 ネコをほめることの意味とは?
Q9 ネコの「口」の中の不思議?
Q10 ネコ砂の選び方は?
Q11 ネコはタバコが嫌い?
Q12 乗り物を利用する時には?
Q13 ネコの名前、ベスト10は?
Q14 首輪は必要?
Q15 家具や壁へのツメとぎを止めさせるには?
Q16 子ネコにキャットタワーは必要?
Q17 ネコを人懐っこい性格にするには?

生後1週間の子ネコを譲り受ける予定です。ミルクの上げ方はどうすればいいのでしょうか？

まず、子ネコ用のミルクと哺乳瓶を用意しましょう。ミルクは38度くらいの人肌に温め、哺乳瓶に入れて準備します。

子ネコの頭をひじの内側に載せるようにし、首を少し上向きにして上げます。（うつぶせ状態のまま、首を少し上げるようにしてOKです）目安として生まれたばかりの時は2時間ごとに3～5cc、体重250gまでは6～8ccを1日5～6回程度上げましょう。生後3週間までは、ミルクだけで育てます。

その後はミルクと離乳食を混ぜて与え、徐々に離乳食に変えていきます。

※人間が飲むミルクは子ネコが便秘になりがち、必ず子ネコ用のミルクを使いましょう。

子ネコ専用のトイレってあるのでしょうか？子ネコの排泄についての注意点はありますか。

生まれたばかりの子ネコは自分で排泄できません。母ネコがいる場合は、母ネコが子ネコのおしりをなめて、肛門を刺激して排便・排尿をさせます。

子ネコの飼い主は母ネコの代わりをしなければなりません。飼い主は、ぬるま湯で濡らしたガーゼや脱脂綿で子ネコの肛門を刺激します。ウンチやオシッコをしたあとは、きれいに拭いてあげましょう。子ネコが自分で排泄できるようになるのは、生後3週間以降とされていますが、個体差もあるようです。なお、この時期にトイレ砂の入ったトイレを用意しましょう。自分でトイレに行けなくても食事の後に、トイレに連れて行ってみましょう。

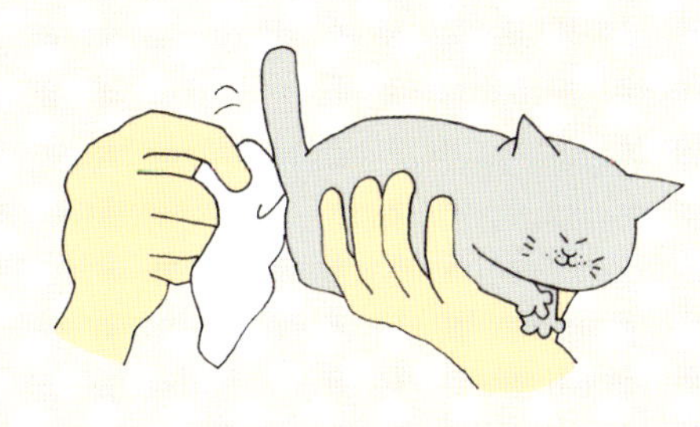

Q3 今、マンションに住んでいます。どうしてもネコを飼いたいのですが、**マンションで飼うときの注意点**があったら、教えてください。

A3 第一に、ペットOKのマンションに引っ越しましょう。

もし、ペット禁止のマンションやアパート（集合住宅）でこっそりと飼えば、ネコにとっても飼い主にとっても違反という意識が働き、精神衛生上あまりよくないからです。

また、マンションで飼う時は、基本的に外に一歩も出さない完全室内飼いになるでしょう。子ネコのうちに完全室内飼いに慣れてしまえば、そこがテリトリーと思い、外に出たいというストレスもなく快適に暮らせます。

ペットOKのマンションでも注意すべきことはあります。集合住宅ならではの気をつけたいことを**5つのポイント**として紹介しましょう。

❶ネコがたてる騒音

ドタバタと走ったり、高い所から飛び降りたり、意外と音が響きます。またネコは特に夜中に騒ぐ習性を持っています。

騒音対策として遮音タイプのカーペットを敷く方法もあります。

❷トイレのニオイ

排泄物のニオイはとても強烈です。ニオイが部屋にこもったら外にもれていく恐れもあります。ネコのトイレ掃除はこまめにすることが鉄則です。

❸鳴き声

普段の生活の上では、ネコの鳴き声はあまり気にならないものでしょう。しかし、発情期（春と秋）を迎えたときの鳴き声は、かなりうるさいです。避妊や去勢の手術（P50、コツ19参照）で対策を図りましょう。

❹ツメとぎ対策

ツメとぎは習性ですから、阻止はできません。（P76、コツ28参照）マンションが賃貸ならば、壁や柱がツメとぎで傷つくと、面倒になります。ツメとぎ器を使うように「しつけ」しましょう。

❺ブラッシングの毛

窓やドアを開けたまま、ブラッシングすると毛が外に飛んで行くことがあります。毛の始末は部屋の中だけで処理するようにしましょう。

生後半年の赤ちゃんがいます。赤ちゃんがいてもネコを飼うことができるでしょうか。

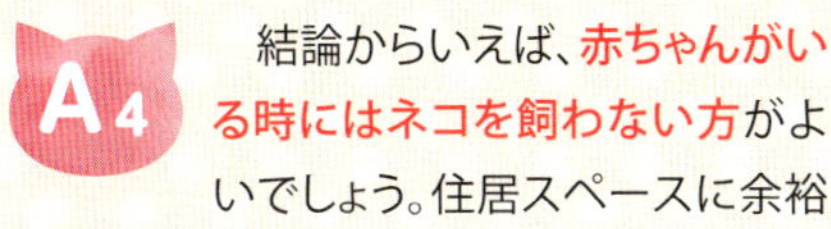

結論からいえば、赤ちゃんがいる時にはネコを飼わない方がよいでしょう。住居スペースに余裕があり、家族も多く、赤ちゃんとネコを完全に分離できる可能性があれば別でしょう。

ネコは野生動物ですから、「赤ちゃんにいたずらしよう」という気持ちはないでしょう。また、近寄らせないという「しつけ」をすることもムリです。つまり、ネコに悪気はなくてもベビーベッドにジャンプして飛び乗ったり、赤ちゃんをひっかいたりしてしまう可能性があるからです。

また、抜け毛やネコアレルギーが問題になるケースも考えられるからです。

ネコは、基本的に昼間は静かに寝ていることが多く、夜中になると走り回ったりすることがあると聞きましたが、なぜでしょうか？

ネコは元来、夜行性の野生動物です。夜、狩りをするために昼間は動かずに体力を養います。最近は、室内飼いのネコが多くなり、飼い主が起きていない時は食事（エサ）が出ないということを学習しているケースもあり、夜も静かなネコが増えているようです。ただ夜行性の本能を発揮すると、家の中を走り回ったりする本来の姿を見せるネコも少なくありません。

飼っているネコのことですが、床に新聞を広げて読んでいると、よく、その上に乗って、まるで読むことを邪魔するように寝転がります。何か理由があるのでしょうか？

A6

新聞の上に寝転がることで、飼い主が「どうしたの？」と思い、体をなでてくれる経験がネコの脳内にすり込まれているからではないかといわれています。そのことを学習しているネコが甘えたい時にとる行動とされています。

また、電話（固定）をしている時に限ってうるさく鳴くのと同じように、新聞を読んでいる時のじっと動かない飼い主の姿がヒマそうに見えるのと、自分が注目されていないという抗議であるという見方もあります。

部屋で掃除機のスイッチを入れ、掃除を始めるとネコはその部屋から大急ぎで別の場所へ逃げ出していきます。掃除機が恐いのでしょうか。

A7

ネコは人間の3倍の聴力があります。特に高音を聞き取る能力に優れています。ネコは、ブィーン・ブィーンと割と高い音で部屋の中を動き回る掃除機に脅威を感じ、外敵と認識するのでしょう。

掃除機の機能にもよりますが、人もうるさく感じる掃除機の音がもっと大きい音に聞こえたら「恐怖感」もあるでしょう。

ところが、その音に慣れてくるのか、外敵ではないと学習するのか、恐がらなくなるネコもいるそうです。

Q8 ネコを育てる上で、上手な「ほめ方」や「しかり方」というものはあるのでしょうか？

A8 ネコには「しつけ」を「しつけ」として理解するという能力はないようです。その行動が自分の「安全」につながるか、つまり安心していい行動であるかを学習することはできるようです。

ネコがほめられることが好きなように見えるのは、**ほめられること＝安心な行動**だからでしょう。特に、トイレについては上手に出来たら、たくさんほめてあげましょう。そうすることで、トイレのある場所で排泄することは**「安心」**を得ることであると、学習するからです。

反対にしかる必要がある時に、たたいたりすると、理由が理解できないネコの立場になれば、ただ恐いだけ、不安を助長するだけです。しかる時には、少し大きな声で「ダメ!」と厳しく言えば、この行動が安全とは遠いところにあることを感じてくれるでしょう。

Q9 飼っているネコが脱いだ靴下のニオイをかいで、口を半分開き、目を半分閉じて笑ったような表情をすることがあります。何か特別な意味があるのでしょうか。

A9 この笑ったような表情、ひきつったような顔をすることを**「フレーメン反応」**といいます。フレーメン反応はフェロモンを分析している行動で、オスもメスも行います。

ネコの口の中にはこのフェロモンを感じる器官が上あごにあり、**ヤコブソン器官（鋤鼻〈じょび〉器官）**といいます。この器官から取り込んだニオイは、嗅覚とは別系統で直接、脳に伝わります。主に性フェロモンを嗅ぎ取る器官ですが、マタタビなどを嗅ぐ時にも見られ、靴下のニオイという特有なものにも反応した結果なのです。

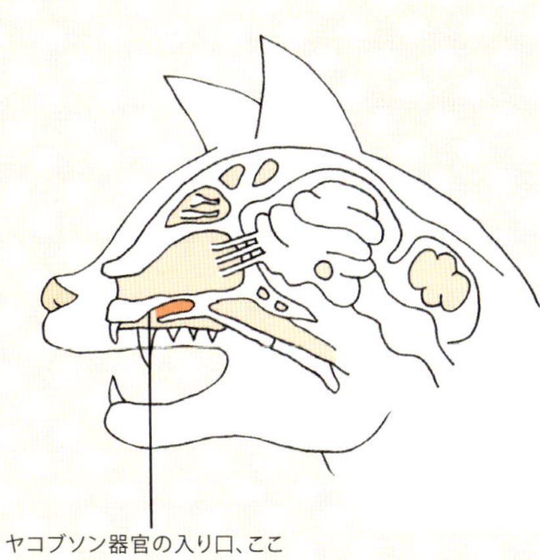

ヤコブソン器官の入り口、ここに小さな穴が2つ開いています

Q10 子ネコの時にトイレのしつけをしますが、紙製、おから製、木材など、いろいろある**ネコ砂を選ぶ**にあたって、いい方法はあるのでしょうか。

Q10 ネコ砂選びは、とにかく使ってみるという無駄を惜しまない好奇心が大切です。日進月歩で開発が進んでいるトイレ砂。新しいタイプのトイレ砂をみかけて「いいかもしれない?」と思ったら試してみることです。

消臭効果、掃除のやりやすさ、ぬれた時の固まり具合、ゴミに出す時の区分、ネコの好みなどを総合し、現在使っているものと比較して見ることです。いい方を選ぶようにして、**試行錯誤を続けることが大事**です。

なお、まったく新しい砂ばかりにすると、トイレ自体に拒絶反応を起こすネコもいます。それまで使っていた砂を少し混ぜると、自分のニオイに安心して新しい砂を受け入れやすくなるといわれています。

Q11 **ネコの前でタバコ**を吸っても平気でしょうか？煙を嫌がって逃げるところを見ると、よくないということになりますが…。

Q11 人間の健康に悪影響を及ぼすことがわかっているタバコ。ネコにとっても同じです。アメリカの獣医学の会報によると、喫煙家庭で飼われているネコの尿中に含まれるニコチンとコニチン（ニコチンが体内に入ると短時間でコニチンという無害な物質に変わります）の濃度を比べたら、非喫煙家庭のネコに比べ、10倍以上の高い濃度が検出されたそうです。

喫煙家庭のネコは、**アレルギーやがんの発生率が高い傾向**にあるといわれております。タバコの煙は、直接体内に入るだけでなく、ネコの毛にも付着しやすいのでネコの前での喫煙はやめるべきです。

Q12 ネコと一緒に旅行に出かける予定です。マイカーはもちろん、乗り物に乗せる時に注意すべきことがあったら教えてください。

A12 ネコは優れた三半規管を持っています。そのおかげで高く飛び上がることができ、高いところから降りても、うまく体を回転させながら着地できます。

優れた三半規管と乗り物酔いの関係は、はっきりとはしていません。乗り物酔いするか、しないかはネコの個体差によるところが大きいようです。

なお、マイカーなど乗り物に乗せる時は、**乗せる直前の食事は控えましょう**。吐く恐れがあるからです。マイカーに乗せた時は、急カーブを切ったり、急ブレーキをかけるのは禁物です。なるべく揺れを感じずにすむように運転しましょう。また、こまめに休憩を取るように予定を組むことも大切です。

Q13 子ネコにどんな名前を付けたらいいか、迷っています。人気のあるネコの名前ってあるのでしょうか。

A13 昔は「ミケ」「トラ」「チビ」などネコの外観に直結した名前が多かったのですが、今はかなり違ってきています。

アニコム損害保険の調べによると、男の子の名前では**「レオ」**、女の子の名前では**「モモ」**がトップです。「モモ」は総合で2009年まで5年連続1位でしたが、2010年には「ソラ」にトップの座を譲っています。なお、男の子の名前2位は「ソラ」3位は「コテツ」、女の子の名前2位は「ココ」3位は「リン」でした。

ネコの名前ランキング (2017年度版)

	総　合
1位	ソ　ラ
2位	レ　オ
3位	モ　モ
4位	コ　コ
5位	リ　ン
6位	マロン
7位	キナコ
8位	ハ　ナ
8位	コテツ
8位	サクラ

※0歳のネコ、約23,000頭の集計
データ:アニコム損害保険(株)調べ

Q14 鈴のついた首輪はネコにとって迷惑？室内飼いでも首輪は必要？

鈴の音はすぐに慣れるので特に問題ありません。鈴つきの首輪を選ぶ場合は、小さくて軽めの鈴がついている方を選びましょう。

室内飼いのネコであっても、動物病院へ連れていくときや、ドアを開けたスキに脱走してしまう危険性があります。特に室内飼いのネコの場合は周辺の地理を知らないこともあり、迷子になりやすいのは確かです。そんな場合、首輪がついていることで迷子や事故にあっても飼いネコだということが分かり保護してもらえる可能性が出てきます。

子ネコに首輪をつけるときは、首輪をつけたときに指が2本入るのが長さの目安です。

Q16 子ネコにキャットタワーは必要でしょうか？

ネコという動物は元来、高いところに登るのが好きなものです。上下運動はネコにとって必要不可欠なものといえます。キャットタワーはそういったネコの欲求を室内でもかなえられるものです。タワーには多くの種類があるので、部屋に合わせて選びましょう。

もちろん、分譲か賃貸かということによっても選ぶものは変わってきます。また、家具を階段状に配置するなど、登ったり降りたりという動きが可能なスペースをつくることができれば、特にキャットタワーがなくても、問題ありません。

家具や壁でツメとぎをしちゃいますが、どうしたら止めさせることができますか。

ツメとぎはネコの本能的な行動なので、止めさせることはできません。ネコがツメとぎをするのは、①何層にも重なったツメのサヤの古いものをはがし取り、鋭く保つために手入れをする　②ツメとぎをして肉球にある臭腺の臭いをつけ、なわばりをアピールするというマーキングのためという理由なので、ツメとぎそのものを止めさせるのではなく、ツメとぎ器でのツメとぎを覚えさせるようにしましょう。ツメとぎ器が家具や壁よりとぎ心地が良ければ、自然にツメとぎ器でしかとがなくなります。

自分のネコを人懐っこい性格にしたいがどのようにすればいいですか。

社会化期、つまり生後3週間から9週齢の時期に、慣れ親しんだものに対し、成長してからも親しみを覚えるといわれています。つまり、性格形成のもととなる時期にいろいろな動物や人間、さまざまなものに触れ合わせることで、人見知りをしない社交的なネコができるといわれています。

また、逆にこの時期苦手だったり、怖いと思ったものがあると、成長してからも警戒するようになる傾向があります。自分のネコを人懐っこい性格にしたければ、しつこく触ったり無理に抱っこしようとしたり、子ネコの嫌がることをしない。そして甘えてきたときは、やさしくなでたり遊んだりと、たっぷりかわいがるようにしたいものです。

監修 斎藤(さいとう) 秀行(ひでゆき)

2005年、酪農学園大学獣医学部獣医学科卒業。ガーデン動物病院開業　院長(獣医腫瘍科認定医)。獣医教育·先端技術研究所、心臓超音波研修修了。8年間に渡り複数の動物病院に勤務の後、2012年12月ガーデン動物病院開業。来院されたすべての家族と動物の絆 (HAB:Human Animal Bond) をより深める手伝いをすることが努めであると考え、ホスピタリティ精神と笑顔のコミュニケーションを大切にしている。

[企画・編集] 浅井 精一
藤田 貢也
中村 萌美

[Design・制作] CD,AD:玉川 智子
D:石嶋 春菜
D:里見 遥
I:石見 和絵

[協力] ガーデン動物病院
(札幌市中央区北2条西25丁目2-1)

はじめてでも安心!
ネコの赤ちゃん 元気 & 幸せに育てる 365 日

2017年5月30日　第1版・第1刷発行

著者　大好きネコの会
監修者　齋藤秀行(さいとう ひでゆき)
発行者　メイツ出版株式会社
代表者　三渡 治
〒102-0093 東京都千代田区平河町一丁目 1-8
TEL:03-5276-3050(編集・営業)
03-5276-3052(注文専用)
FAX:03-5276-3105
印刷　株式会社厚徳社

●定価はカバーに表示してあります。
© カルチャーランド ,2010,2017.ISBN 978-4-7804-1890-3 C2077 Printed in Japan.

メイツ出版ホームページアドレス　http://www.mates-publishing.co.jp/
編集長:折居かおる　企画担当:千代 寧

※本書は2010年発行の『はじめてでも安心!かわいい子猫の育て方』を元に加筆・修正を行っています。